Ⓢ新潮新書

小林朋道
KOBAYASHI Tomomichi

モフモフは なぜ可愛いのか

動物行動学でヒトを解き明かす

1032

新潮社

イラスト　渡部紘巳
扉デザイン　株式会社クラップス

モフモフはなぜ可愛いのか　動物行動学でヒトを解き明かす

目次

はじめに

私は動物が大好きで、特に野生動物を中心に、彼らの息遣いが感じられるような観察や実験を通して、行動を中心にした習性を研究してきた。まー、動物たちを、とても興味深く、可愛く感じるのだ。

いっぽうで、ヒトという動物（ヒトがたくさんいる街中とか、駅とか、電車の中とかで、誰かを待って一人で時間を過ごしているときなどは、ヒトを野生動物、それも、とても変わった魅力に満ちた野生動物として観察する）も、研究対象として大好きである。進化理論を基盤においた学問である動物行動学や進化心理学を探究している（つもりの）研究者として、ヒトで顕著に発達している活動である芸術や言語などにもとても興味がある。

さて、私は、ヒトも含めた野生動物について、その習性の内容はもちろん、それに負けず劣らず、なぜ彼らは、そのように行動するのか、なぜそんな習性をもっているのかについて、研究で分かったことや、推察したことを書くことが好きだ。私の思考内容を、もちろん完全にとはいかないが、書き切れた時などに感じる体験に心地よい満足を覚えることがあるし、書いていると新しい発想が生まれたり、新しい仮説を思いついたりして、その時の体験がまたうれしいのだ。

本を書くための新しいアイデア

そんな私が、ある時、「さて、ヒトについて新しい本でも書こうか」「どんな主軸の本を書こうか」と思ったとき、ちょっとした事件が起こった。

「いくらでも書くことはあるわー」と思って紙の前に座った（今ではほとんどの人はＰＣの前に座るのだろうが、私は、自由自在な紙が好きなのだ。ポケットから、文字を書けるスーパーのレシートは取り出せるし、図のようなものも書けるし……）のだが、〝書くこと〟、いわゆるネタが浮かんでこないのだ。もちろん幾つかは浮かんでくる。でも、これ、というものが浮かんでこないのだ。

事件が起こったのは次の瞬間だ。

ネタではないがアイデアが浮かんできたのだ。

ネタを自分で考えるのではなくて、〝他人〟に、それもたくさんの〝他人〟に聞いてみればいいではないか。

そして、たくさんの〝他人〟に聞いてみる方法も、セットで浮かんできていた。私が結構楽しみにしてつぶやいているTwitter（現在のX）やfacebookで聞いてみればいいのだ（Twitterでは一万人以上の人にフォローしてもらっていた）。

いい案だ。


まーそういうことだ。

そして、この案を実行して仮に本ができて、その本について取材か何かで、「どうして、そういうやり方をしようと思ったのですか」とかなんとか聞かれたら、私は答えるだろう。

「科学者の果たす役割の一つは、市民の方々が疑問に感じていることに科学の立場から、今分かっていること、これまで分かったことに基づいた推察を提示することだ、と思ったからです」

うん、この答えもいいね。

ということで、私は、主旨も説明して、Twitterやfacebookで、ヒトについて日ごろから疑問に感じていることを教えてください、とお願いした。
すると、質問が来た。どんどん来た。似たような質問もあったし、質問の内容自体がおかしいものもあった。いずれにせよ、私の狙いは大当たりだった。それらの中からピックアップして今回、一三個の質問に、動物行動学に立脚して書いたのが本書である（イラストは、私が勤務する公立鳥取環境大学のＯＧであるイラストレーターの渡部紘巳さんがぴったりの絵を描いてくれた）。

「情報」は二種類に分けられる

さて、そろそろ「はじめに」も終わりになるが、終わるにあたって、質問をくださった方々も含め、本書を手に取っていただいた方々に感謝するとともに、〝感謝〟以外の私の思いを二つほどお伝えしたい。お付き合い願えれば幸いである。

一つ目：
ヒトについての疑問、そしてそれに対する動物行動学からの回答に興味（話題が下ネタではないのに）を持たれた方、あなたは素晴らしい。それは、物事に対する純粋な好奇心といってもよく、人生を楽しい、より充実したものにする可能性を示している。

ただし、私の回答を、鵜呑みにしてはいけないことも頭の片隅に入れておいていただきたい。私も本文の中で、私の回答が仮説であること（ただし、かなり優れた仮説である）を示す書き方をしている。つまり、今後、もっと真実（実は〝完全な真実〟というのは存在しないのだが。話が長くなるし、ここでは特に問題にはならないので、ここまでにする）に近い回答が出てくるかもしれないし、読者の皆さん自身が、よりよい回答を考えながら読んでいただいてもよいのかなとも思う。

そんなこととも深く関連することだが、最近のＳＮＳなどで起こっているやり取りを見ていて、次のようなことをよく思う。なぜ、一方的な視点だけから決めつけた発言をするのだろうか。意図的に、自分に有利な状況をつくろうとしていることが見え見えの発言もある。

ヒトの言葉を含めた、動物の情報発信は、大きく二種類に分けられる。

一方は、「この先の森に入る道を少し進んだところに怪我をしてあまり動けないイノシシがいる」といった、正しい情報を伝える。「だから一緒に行って手伝ってくれ。二人ならイノシシを仕留められる」……そうなると、自分にとって（相手にとってもだが）

利益になる。こういった部類の〝正しい内容の情報〟は、オオカミでも、彼らに独自の発信で、獲物の存在を知らせ、皆で協力して獲物を倒せば、発信した個体にとって利益になる。

他方の情報発信は、相手をだます嘘の内容を伝える発信。例えば、怪我をしてあまり早く走ることができないイノシシが逃げてきて、自分の前方で右に曲がって川辺のほうへ行ったとしよう。その後、そのイノシシを追ってきた個体（ヒト）が現れ、イノシシが進んだ方を聞かれ、「左側へ進んで林の中に入っていった」と答えるような場合である。相手に嘘の情報を伝えることによって、自分が利益を得る（右へ行った怪我をしたイノシシを見つけて仕留められる）ような情報発信だ。このタイプの情報発信はヒト以外の動物でも多く知られている。カラハリ砂漠のスズメ目のクロオウチュウは、ムクドリやミーアキャットたちの近くで、一緒に餌を食べることも多く、リカオンやチーター等の危険な捕食者の接近を発見すると警戒コールを発する。するとムクドリやミーアキャットたちは、食べかけの餌を落としてその場から急いで、安全な巣などに向かって逃げ去る。ところが、そういった行動を利用するように、クロオウチュウはときどき、嘘の警戒コールを発する。つまり、捕食者は近づいていないのに警戒コールを発するのだ。するとムクドリやミーアキャットたちは餌をその場に落としてどこかへ行くので、そのすきに、クロオウチュウは、地面に舞い降りてそれらの餌を横取りするというわけだ。

ここで、話は「最近のSNSなどで起こっているやり取り」に絡んでくる。SNSで発される殆どが言語による情報は、ヒトという動物による発信である。したがって、前者のタイプの情報と後者のタイプの情報を含んでいる。そして、難しいところは、本人は、ほかのヒトから受け取った情報を、仮にそれが後者のタイプの情報であっても、前者のタイプの情報と信じて拡散する場合もある。いろいろな過程を経て、前者と後者のタイプの情報が入り乱れているわけだ。

だから、われわれは、そういった状況を理解したうえで「情報」に接する必要がある。

もちろん、本書で発信された情報は、断然、前者のタイプである。文献こそ上げていないが、少なくとも、ある程度、しっかりとした実験を通して公表されている事実をもとに、私の研ぎ澄まされた脳が推察した、前者タイプの仮説からなっている。

でも、である。やはり鵜呑みにしてはいけない。後者タイプの情報は、悪意なく、嘘をつくという意図はなく導かれることもある。私が、そして私以外の多くの研究者も、後者タイプの情報を、それとは気づかず取り込んでいる可能性は決してゼロではない

（ただし、繰り返すが、それが仮説であることは、それが伝わるように書いているつもりだが）。

「地球温暖化懐疑論」はほぼ壊滅したが……

二つ目：

突然、硬めの話題で恐縮だが、大事なことだ。

本書を手に取った方は、これも何かの縁だと思って聞いていただきたい。地球温暖化を抑えるための科学技術の進歩を中心にした対策についてである。

一九〇〇年代後半から二〇〇〇年代初めにかけて、石油、石炭で利益を得ていた産業界の人たちや、そこから多額の援助を得ていた研究者等は、いわゆる「地球温暖化懐疑論」と呼ばれる主張を行ってきた。「地球温暖化は自然な気温変化の一部に過ぎない」とか「地球温暖化は人間による、二酸化炭素をはじめとした温室効果ガスの排出のせいではない」といった内容である。

しかし、それと並行して行われてきた、そして二〇〇〇年以降、勢いを増した、主に気候を対象にしていた科学者たちによる研究が、検証と解析の繰り返しを積み重ねることによって、地球温暖化の原因についての正しい骨格を浮き彫りにしてきた。「地球温暖化懐疑論」はほぼ壊滅したといってよい。

研究者たちを中心とした組織であるＩＰＣＣ（気候変動に関する政府間パネル）は、気温を、産業革命（今から二〇〇〜三〇〇年前）前に比べ、二℃未満の上昇に抑えないと、温暖化はもう止められない状況になると予測している。二℃以上上昇すると、海水や氷河・氷床・氷棚などによる熱吸収能力が限界を超え、地球環境が悪循環に陥ってしまう可能性が非常に高いということだ。気温の上昇が今まで以上に急速に進み、止めることができなくなるということだ（そして、そのためには、二〇五〇年までには二酸化炭素の排出を実質ゼロにしなければならないとの予測もしている）。

私は、いろいろな面からの様々な情報を総合して、この予測は大筋ではあたっていると思う。前者タイプの情報だと思っている。

国際社会では、国や企業を含め、二酸化炭素排出削減のための動きを加速させており（少なくとも企業にとって激しい温暖化は大きな不利益になる。企業は立ち行かなくなるだろう）、投資家による非脱炭素企業への投資の取りやめなども含め、大きなうねりを生んでいる。

そしてそのうねりは、再エネ生産や蓄電池の改善等の科学技術の進歩等を促し、それに後押しされて経済は発展していく（脱炭素＝脱経済成長という誤った認識を持っている人もいるが、そうではないのだ)。

ちなみに、二〇〇一年に、日本で初めて「環境」を大学の名前に付した、私が勤務してきた大学(公立鳥取環境大学)は、日本の大学で三番目に、国際的な温暖化防止対策の一つであるRace to Zeroへの参画を表明し、UNFCCC(国連気候変動枠組条約事務局)に承認された。また鳥取市は、公立鳥取環境大学も参画して、環境省から脱炭素先行地域に選定された。うねりは、そこかしこに見られるのだ。今後五〇年の動きは、(地球が決定的なダメージを受けることなく存在し続ければの話だが)一〇〇年後の世界史の中でとても重大な出来事だったと記載されているだろう。

いっぽう、「地球温暖化懐疑論」自体はほぼなくなったが、地球温暖化防止対策を巡る議論では、「脱炭素=脱経済成長」といった間違った情報もまだまだ漂っている。SNSを見ればすぐわかるだろう。

前者タイプの情報か、後者タイプの情報か、見極める必要がある、目前に迫った実際の事例である。

私は動物が大好きで、特に野生動物を中心に、彼らの息遣いが感じられるような観察や実験を通して、行動を中心にした習性を研究してきた。ま、動物たちを、とても興味深く、可愛く感じるのだ。……と冒頭に書いた。そしてヒトという動物も好きだと書いた。

ヒトという動物の特性を考えると、温暖化防止が、自分（また遺伝子を受け継いでいる自分の子ども）にとってどれほどの利益になるのか（大きなダメージから逃れられるのか）を認識できるかどうかが、一つの重要な鍵になると思われる。

ここまで読んでいただいただろうか？

読んでいただいた方は、どうもありがとうございます（途中でやめられた方は、それなりに……）。

では本文へお進みください。

本書が、ヒトについていろいろと考えるきっかけになれば大変うれしく思います。もし本が多くの方に読まれたら、今回と同様な方法で、本の第二弾を書きたいと思います。今回、第一弾で積み残してきた質問もあるので。

1

親しい友人と会った時、とび跳ねたりするのはなぜか？

Q　女性同士でよく見るのですが、友人と会った時にとび跳ねて小刻みに手を振りながら挨拶をするのを見て、なぜああいう行動が出るのか、他の生物にも似たような行動があるのか、気になります。ちなみに私自身もとび跳ねていると言われたことがありますが、自覚はありませんでした。

A　女性に限らず男性でも、似たようなことはある。何かとても「うれしい」ことが起こったとき、ジャンプしたり、腕を突き上げてガッツポーズをしたり。サッカー選手がゴールを決めたときなどにも見られる。

まずは、われわれホモサピエンスがうれしいと感じるのはどういうときか、考えてみよう。好きなヒトがいて、そのヒトも自分のことを好きだとわかったとき。喉がカラカラで水が手に入ったとき。会社で昇進したとき。学校が火事に遭ったが、通っている自分の子どもが無事とわかったとき。会いたいヒト、長く会っていなかった親友に会えたとき——つまり、これらはすべて自分（正確には自分を設計した遺伝子）の生存・繁殖に有利になることが起きたときだ。以下、説明しよう。

「うれしい」がはっきりわかる動作

・好きなヒト（異性）がいて、そのヒトも自分のことを好きだとわかった↓繁殖がうまくいく可能性が生まれた。
・喉がカラカラで水が手に入った↓生存の可能性が高くなった。
・会社で昇進した↓社会的な地位が上がったことにより繁殖に有利になる（狩猟採集時代以降、社会的に地位が高い個体は、繁殖に有利だった）。
・学校が火事に遭ったが、通っている自分の子どもが無事とわかった↓自分の遺伝子のコピーが無事だった。繁殖が阻害されなかった。
・会いたいヒト、長く会っていなかった親友に会えた↓自分を助けてくれる、自分の遺伝子の生存・繁殖に有利になる個体に会えた（この現象は質問に直接関係するので、このあと、少し詳しくお話する）。

うれしいとき、手を挙げて万歳したり、ガッツポーズをしたりする主な理由は次のように考えられる。

（状況にもよるが）生存・繁殖に有利になった自分を他の人にアピールすることは、他の個体から尊重されやすい状況をつくることが多い。他の個体が、生存・繁殖に有利になった個体に対して好意的に接しやすくなるのは、そのほうが自身にとっても有利になる場合が多いからだ。

アピールとしてはさまざまな動作が使われる。万歳やガッツポーズのほかに、走り回る、ジャンプする、そばにいるヒトと踊る、体をたたきあう——といった少々攻撃的な要素が入る傾向があるが、要は「目立つ」ことが重要なのだ。このことを念頭に置いて、以下の話を聞いていただきたい。

フリーライダーを見抜く特性

質問にあった、「会った時にとび跳ねて小刻みに手を振りながら挨拶をする」のは、たいていの場合、互いにとても仲がよくて信頼しあっている、親友のような関係の個体のあいだで起こることだろう。嫌いな相手とはそうはならないはずだ。

進化の仕組みから言えば、こうなる。「協力して初めて成し遂げられることはたくさんあり、そうして得た利益を協力者同士で分けると、いつも協力はしないで独力でやり遂げる個体が得られる利益より、利益の量が多くなることがしばしばある」。それゆえ、相互に行われる協力行動（を行う個体の遺伝子）は、増えていくはずだ。

ただし、である。

自分は相手から協力してもらうのに、自分は相手に協力しているふりをして、実は協力はほとんど行わない個体（いわゆるフリーライダー、裏切り個体などと呼ばれる）が出現すると、そういう個体が、最も利益を得ることになり、裏切り個体（を設計する遺伝子）が増えやすくなる。こうなると、協力行動（を行う個体を設計する遺伝子）はやがて数が少なくなってしまい、協力行動自体が消えていく。

しかし、ホモサピエンスの場合、裏切り個体を高い確率で見抜き、裏切り個体を記憶に残しやすい認知特性を獲得していることが、実験によって明らかにされている。

そして、フリーライダーには協力せず、しっかり協力し返してくれる個体には協力するという特性をもった個体が出現すると、裏切り個体は、得ることができる利益が激減し、裏切り個体自体も減少する。現代人も含めてホモサピエンスは、たいていの個体がそういう特性を持っていることも確認されているのだ。

私たちホモサピエンスは、因果関係に基づいて外界の、かなり広範に及ぶ事物事象について関係づける認知特性を有しており、そういった能力と、フリーライダーを高い確率で見抜いて裏切り個体には協力せず、しっかり協力し返してくれる個体（つまり親友）

に協力するという特性とを合体させ、発達した行動を実行している。

こうしたことからも、親友をもつということは、自分の生存・繁殖にとって有利なことなのだ。だから、親友ができた、と感じたときは「うれしい」のである。

脳がプログラムされている

理屈っぽい前置きが長くなったが、ここまでの話を頭の隅に置いて、親友（あるいは親友に匹敵するような個体）に「会った時にとび跳ねて小刻みに手を振りながら挨拶をする」理由を考えると、以下のようになる。

相手と親友であり続けることが、自分の生存・繁殖に有利になるのだから、親友に会った時、「親友であること」が長続きするような行動をするように、われわれの脳はプログラムされているはずだ。そういう脳を設計する遺伝子が生き残り、増えていく可能性が高いだろう。

それはどんな行動か？　状況にもよるが、基本的には相手に自分は「うれしい」とはっきり伝わる動作だろう。すなわち「とび跳ねて小刻みに手を振る」動作がそれだ。

別の見方をすると、「私はあなたのために、たくさんのエネルギーを消費することを厭わず、こんな行動をしているのよ」という気持ちが伝わるような、動きのある、よく目立つ行動が適しているだろう。

質問の最後に、「私自身もとび跳ねていると言われたことがありますが、自覚はありませんでした」とあるが、われわれの脳が、自分（脳も含め自分の構造を設計し作り上げる遺伝子）が繁殖しやすくなるようにプログラムされていることを示唆している。

では、ヒト以外の動物ではどうなのか？

イヌが久しぶりに、いつも優しく接してくれ遊んでくれる飼い主に出会った時、動きが活発になり、飼い主に飛びついたり周辺をぐるぐる走り回ったり、いわゆる「はしゃぐ」行動をとるのは、多くの人が知っている現象だろう。

久しぶりに会った親子や兄弟姉妹のイヌ同士についても、同じようなことが起こるのは容易に想像できる。イヌの種類や状況にもよるだろうが、私自身もそういった光景を見たことはある。

互いに、協力する有効な関係を維持するためには、ヒトの場合で論じたことがそのまま当てはまるのではないだろうか。つまり、自分が相手に友好的であることを、しっかり伝える意味がある。

ただし、そういう行動が顕著に見られるのは、①他個体を識別して記憶しておく能力を備えた動物、②個体同士が、互いに密接に協力して、自分たちに有益な行動を成し遂げる習性をもっている動物、③少なくともある期間は明らかに一方が、あるいは両方が相手に有利になる行動をするような親子や兄弟姉妹の関係にある個体同士、こういった条件が組み合わさっている場合ではないだろうか。

そうでなければ、そういう進化は進まないだろう。

2

ヒトはなぜ「怖いもの」を見たがるのか？

Q　人はなぜ、恐怖を経験したがるのでしょうか？　ジェットコースターやお化け屋敷、ホラー映画などなど。動物もこのように、あえて恐怖をとりにいく経験をすることもあるのでしょうか？

A　質問を読んだとき、これは、動物行動学の知見からすると比較的すっきり説明できる内容だと思った。

質問に答える前に、まずは、〝怖いもの〟について、三つに分けて話をさせていただきたい。

まず①は、事故や災害、崖などの危険な場所、危険な動物（毒ヘビ、猛獣など）、自分を攻撃する同種（ヒト）といった現実に存在する〝怖いもの〟。次に②ジェットコースターやバンジージャンプのような、自ら試みる、運動が関係することが多い〝怖いもの〟。そして③幽霊やゴーストのような架空の〝怖いもの〟。

三つに共通していることは、どれも「自分の生死に関わること」という点だ。だから怖いのだ。

生存のための有益な情報

では、各々の〝怖さ〟についての説明と、なぜその〝怖さ〟〝恐怖〟を経験したがるのかを順番に考えていきたい。

まずは、①事故や災害、崖などの危険な場所、危険な動物（毒ヘビ、猛獣など）、といった現実に存在する〝怖いもの〟である。

それらがなぜ怖いのかについては特に説明はいらないだろう。巻き込まれたら命を落とす危険があるからだ。

でも、火事があったらそれを見に行きたいという欲求にかられるし、毒ヘビがいると聞くと怖いと思いながらも少しだけその姿を見てみたいという欲求を感じる。

いっぽう、この①が②と異なるのは、②については、①と同じような怖さを感じるのだが、それを感じながら、その怖いことを自らやってみる、という点である。ジェットコースターやバンジージャンプなどは怖いけど、やってみたいとも思うのである。①の場合は、怖さを感じながら、安全と思われる場所でそれらを観察するのである。そこへ飛び込んでいこうとはしない。

①の火事や毒ヘビなどを見に行きたい（そして安全な場所から見てみたい）と感じる欲

求については、動物行動学の視点からは次のように説明できる。

質問では、動物の場合についてはどうか、とも聞かれていたので、ヒト以外の動物が関係した話からはじめよう。

私の、動物行動学のスタートは、「シベリアシマリスにおけるヘビに対する防衛行動」の研究からだった。

もっぱら実験は、野外に作った、一五メートル×一五メートル×高さ二メートルの大きなケージの中で行なった。まずは、ケージ内で、シマリスの通り道（よく通るルートはだいたい決まっていた）に、底を外した小鳥用のカゴを上から被せた状態にしたヘビ（大抵は大きめのアオダイショウ）を置いてシマリスの反応を調べるのだ。

やがて、シマリスは、〝道〟を移動してきて、カゴの中でゆっくり動いているアオダイショウに出会うのだ。そして……。

なんといってもヘビはシマリスにとって強力な捕食者である（ちなみに、アオダイショウに近縁なヘビは世界中にいる）。シマリスは怖がって、その場を急いで立ち去る、と思いきや、ちょっと違うのである。

数十センチ離れたところから体を前方に伸ばして、ヘビの様子を、おそらく嗅覚と視

覚で探ったのち、カゴの周り（つまりヘビの周り）を、緊張した様子で、近づいたり遠ざかったりしながら……離れないのだ。

安全を確保しながら……

シベリアシマリスのヘビへのモビング（ヘビに近づき、距離をとってまとわりつく行動）でも見られるように、もちろん相手は捕食者なので怖いだろうが、それでも周辺まで近づくのは、その行動が自分の生存・繁殖に有利だからだ。「相手の存在をしっかり確認し、相手がどんな種類で、どんな大きさで、どんな状態かを知る（シマリスの場合なら、相手が大きい毒ヘビで、こちらに狙いを定めている状態だったら危険は大きいことがわかる。警戒レベルを上げた方がいい。小さい無毒のヘビの場合なら、それほど警戒しなくてもいい）」「警戒信号のようなものを発して（見せて）他個体に捕食者の存在を知らせ、注目してもらう（そうすれば捕食者は、気づかれてしまったと判断してその場から立ち去る可能性が高い）」「威嚇的な動作をすることにより、捕食者自身も狩りで怪我をする可能性があることを示す（狩りを止めることもあるかもしれない）」……こういった効果が推察され、それらは、被食者である自分の生存・繁殖にとって有利となる（これらの効果のいくつかについては、私は、シベリアシマリスの対ヘビモビングで検証している）。

「ヒトはなぜ怖いとわかっているのに、見たいと思うのか？」について、火事や危険な動物や場所に対する「怖いもの見たさ」の理由は、モビングに似たものではないかというのが、私の一つ目の仮説的答えである。

つまり、それを、安全な状態を確保しておきながら見ておけば、その後、火事や危険な動物、場所に立ち合ったとき、どう行動すれば無事に切り抜けられるか、についての有益な情報が得られるではないか。

そういった脳内神経配線を有している個体の遺伝子のほうが生き残り増えていきやすかった（そして、われわれはそういう個体の子孫なのだ）。

交通事故でもそうだ。

事故現場では、その状態を見ておこうという欲求を感じたヒトが、遠巻きにみている。私も、車を運転しているときなど、事故現場があると思わず横目で見てしまう。狩猟採集生活の時代においては、誰かが猛獣に襲われた場所とか、崖から落ちて大怪我をしたり命を失ったりした場所などは、ヒトの注意を引いただろう。その場所を見に行ったり、どのようにしてその悲劇が起きたのか知りたいと感じたりしたのではないだろうか

（はっきりした理由を自覚してではなく、とにかく、そういった欲求に駆られて）。

そして、自分でも知らないうちに、危険な場所についての、また、そういった場面で危険を減少させるための行為についての知識を得ることがあるのではないだろうか。


「スリル」と「快」


さて、次は、「ジェットコースターやバンジージャンプのような、自ら試みる、運動が関係することが多い〝怖いもの〟」にも「怖いけど体験してみたい」と思うのはなぜか？……だ。

仮説的答えの「キーワード」は「遊び」である。もっとはっきり言えば「遊びが生存・繁殖に与える利益（適応的意義）」である。

まずは、「遊び」の正体は何か？についてお話ししよう。

読者の皆さんもご存じだと思うが、ヒトは（そしてヒト以外の動物も）、なぜ遊ぶのか？という問題については、心理学などの分野で、様々な議論がなされ、学術的な論文もたくさん発表されてきた。

でも、動物行動学から見れば、「遊び」の適応的意義の一つは、幼い子どもがいる巣穴に、親ギツネが、半殺しにした（すいません。残酷な言い方で）ネズミ類を運んで来たときの子ギツネたちの行動をみれば、まー、かなりの自信をもって推察することができる。

子ギツネたちは、半殺しになったネズミを、成獣が狩りをするときのような動作をちょこちょこ出現させながら、でも、完全に殺すことなく、自分が逃げてみたり、ジャンプしてみたりする。つまり、狩りの動作を混ぜ込みながら、いろいろな動きをするのだ。それが、（本当の狩りではない）「遊び」なのである。こういった遊びによって、子ギツネたちは、獲物を多彩な動きで捕獲する狩りの行動を発達させるのである。

これがもし、獲物に向かってダイレクトに攻撃する動作しか含まれないだけの狩り行動であったとしたら、狩りの成功率は低かったに違いない。

遊びの本質は、特定の動機付け（この場合なら、狩りのための攻撃的動機付け）から解放された状態での、さまざまな行動の、一見、驚くような動作の組み合わせなどの発現だと考えられる。だから遊びには意外性があり、それが「創造的」とも表現されるのだ。例えば、サッカーなどのスポーツで「創造的」なプレーと呼ばれるのは、意外な動作や判断から、他の選手を置き去りにするような、そして目的の達成に有効なプレーである。

それらは、幼少期などの遊びの体験が大きく関係している。遊びによって、一つ一つのプレーが上達し、新しいプレーの発見、多様なプレーの連動が生まれるのだ。

そういった「遊び」は、生存・繁殖に有利に働くものであり、「脳内には、生存・繁殖に有利に働くことに対して、快を感じる神経配線があり（それが生存・繁殖に有利な行動を促進させるのである）」、「遊び」が楽しいのもその神経配線のせいである。

いっぽうで、脳は「遊び」の中で、その個体が、能力の限界を押し上げることができるような仕掛けも用意している。その方法が、自分ができるかできないかわからないくらいの難しい行為に挑戦させるのだ。運動で言えば、自分が飛び降りることができるかできないかくらいの高さからのジャンプに意欲を感じさせたり、勝つか負けるかわからない勝負に挑戦させたりするのだ。ただし、この賭けへの意欲は、大抵は、成功する可能性が高いときに感じるようになっている。でも、その賭けの成功によって、能力は向上する。

こういった一連の心理の進行は、「スリルを味わう」という言葉で表現される。「スリル」は、「怖さ」が入り混じった「楽しさ」であり、その「楽しさ」はかなり強烈である。

さて、ここで、（突然）当初の質問、「ジェットコースターやバンジージャンプのような、自ら試みる、運動が関係することが多い〝怖いもの〟」に、「怖いけど体験してみたい」と思うのはなぜか？……に戻る。

お分かりだと思う。

ジェットコースターやバンジージャンプは、自分の能力の限界を伸ばすべく、「怖さを感じるくらいの難しさだが挑戦したい」という意欲に駆られて行うのである。そして、「スリル」と大きな「快」を感じるのである。

〝幽霊〟の怖さ

では、最後である。

私が三つ目の「怖さ」として分類した「幽霊やゴーストのような架空の〝怖いもの〟」。「お化け屋敷、ホラー映画」をなぜ見たがるのか、についての仮説的答えである。

以後、これらの怖さを「〝幽霊〟の怖さ」に代表してもらおう。

まずは、〝災害や猛獣〟の怖さと、〝幽霊〟の怖さの違いについてお話ししたい。後者の〝怖さ〟には、前者の〝怖さ〟にはない、独特の要素があるのではないか。

動物行動学の視点から言うと、〝幽霊〟の怖さの理由には、次の二つの要因が大きく関係していると私は考えている。

一つ目は、ホモサピエンス史、約二〇万年の九割以上を占める狩猟採集生活における危険な状況、危険な対象である（この〝約二〇万年の九割以上〟の間には、もちろん、気候の変動や、大規模な移動などによって生活する場所も変化し、生活環境も変化しただろうが、〝狩猟採集〟という生活は変わらなかったと考えられる）。

人類学者の研究は、世界中のほとんどの狩猟採集民の生活において、病気を除いた死亡の原因のトップを占めるのは、木からの転落死、川での溺死、落雷によるショック死、洞窟内での落盤、他個体（ヒト）や毒ヘビ、猛獣からの攻撃などであることを、そして、それらは、夜、より頻繁に起こったことを、狩猟採集民への聞き取りを中心にした調査によって明らかにしている。

ちなみに、落下死や落盤死、溺死につながる「高所」や「閉所」「水」は、「ヘビ」や「猛獣」「他人の視線」などとともに、現代の不安障害の一種である「特定恐怖症」の対象になりやすいものである（現代において死亡率が高い、車や電気、ナイフなどは特定恐怖症の対象にほぼ、ならない）。

二つ目は、「不可解さ」である。急に現れたり、急に移動したり、足がなかったり……といった。

私が知っている、怖い幽霊の典型である映画「リング」（原作：鈴木光司、監督：中田秀夫、配給：東宝）がある。その中の怖いシーンでは、テレビの映像の中で、井戸に突き落とされて死んだ貞子という髪の長い少女が、深い井戸（高所、閉所、水）から、這い出てきて、さらにその貞子が、テレビから這い出てくる（ちなみに、私はホラー映画が怖くて見られないので、「リング」に関する知識は、パンフレットからのものである）。

まさに、狩猟採集生活における危険な状況、危険な対象と、不可解さとが混じり合っているではないか。

私は、「幽霊」に対してわれわれが感じる独特の怖さは、この「不可解さ」が生み出しているのではないかと推察している。「不可解さ」は、われわれには対処できない得体の知れない大きな力の存在を想像させるからだ。

では、そんな幽霊を、なぜ見たがるのか？

それは、やはり、「危険なものの確認」、「試練を乗り越えること」への欲求が、その実行を後押しし、〝危険回避のための情報の獲得〟、〝能力の向上〟という生存・繁殖に有利な結果が〝快〟を沸き立たせるからではないだろうか。もちろん、お化け屋敷やホラー映画は、あくまでも安全だという、おそらく大脳皮質における認識があってのことだろうが。

最後になったが、「……動物もこのように、あえて恐怖をとりにいく経験をすることもあるのでしょうか?」についての仮説的答えである。

一つ目の怖さに関しては「シマリス」で、答えた。二つ目の怖さについては「子ギツネ」で答えた。

三つ目の怖さ=「幽霊の怖さ」については……、おそらくヒト以外の動物は、ヒトにおける「幽霊」に相当する認識を持たないと私は思う。

なぜ? 理由は長くなるので、またの機会に。

3

子どもがやる「地団駄を踏む」動作は本能か？

Q　子供を産んでそだてている過程で教えもしないのに（そして親はたぶんやってないのに）子供が文字通り、「地団駄を踏む」のを見てびっくりしました。あれは本能なんでしょうか？　その割に大人はやらないのはなぜでしょうか？

A　動物行動学の行動のカテゴリーの中に「意図行動」と名付けられたものがある。たとえば、ヒトの場合で言えば、話に飽きて椅子から立ち上がってその場を立ち去ろうとする行動の前には、しばしば、両手を椅子について腰を少しだけ上げるような行動が現れる。

そのような意図行動には、意図される本格的な行動を、そのときすぐに行ってしまってはまずい場合、まずは軽く、自分の意図を他個体に示すような意味があるのではないかと推察されている。

意図行動は、ヒト以外の動物でもよく見られ、たとえば、ある鳥の群れが、ある場所から飛び立って別の場所に移動する際、まずは、数羽の鳥が飛び上がるような姿勢をとる（足を曲げてジャンプするような動作をする）。やがて、その意図行動を行う個体が増えていき、あるとき群れの全個体が飛び立ち、別な場所への移動がはじまる。

質問に対する仮説的答えを言えば、地団駄は、意図行動だと考えられる。

では、どんな本格的行動の意図を示す行動か。

それはおそらくは相手を踏みつけるような攻撃的行動だと推察される。つまり、地団駄をする個体は、怒っているのである。

威嚇的な意図行動

地団駄は、最近の事情はよく知らないが、一昔前は、漫画やアニメでよく使われていた。

質問をくださった方（お母さん？）の文章からは、子どもさんがどういった状況で地団駄を踏まれたかは書かれてなかったが、おそらく、子どもさんがひどく不快に感じられることがあって地団駄を踏まれたのではないかと想像する。

きっと、お母さんは、漫画やアニメで地団駄を見ておられ、お子さんが実際に地団駄をするのを見て、あーーっ、ほんとなんだと感慨に浸られたのだろう（感慨に浸られるのもよいが、地団駄を踏んで怒っておられる子どもさんへのケアーのことも忘れないでいただきたい）。

ちょっと余談になるが、脚で地面をパタパタと踏む、威嚇的な意図行動は、私が研究対象にしてきたシベリアシマリスやニホンモモンガ（いずれも齧歯目リス科）でも見られる。

彼らは、捕食者であるヘビなどに対し、攻撃されても安全な距離を保ってまとわりつき、ときどき、後ろ脚で地面や木の表面をパタパタと小刻みに踏むのである。われわれは「フットスタンピング」と呼んでいる。

この行動は、同種に対しても行うことがあり、威嚇のメッセージとして使われるのではないかと考えている。

彼らのフットスタンピングは、ヒトの地団駄と違い（踏みつけるのではなく）、前にとびかかる行動の意図行動として進化してきた動作だと推察される。

この話（これから書く話）、書こうかどうか迷ったのだが、シベリアシマリスやニホンモモンガのことも書いたんだから、まー、私のことも書かないとフェアーじゃない、ような気がして（?）、書くことにする。

実は、私も、子どもの頃（小学生の低学年か中学年の頃だったと思う）、地団駄をしたのだ。はっきり覚えている。

確か、保護者に向けた発表会で劇をすることになり、その練習を学校でやっていたのだが、「劇で使うから、みんな家から○○（それが何だったか覚えてない）をもってきてね」と先生に言われた○○を母が忘れていたのだ（小林少年がはっきりと伝えてなかったのかもしれない）。

○○をもっていかなければならない日の朝、とにかく、母がそれを用意していなくて、小林少年は、母に怒ったのだ。みんなもってくるのに僕だけもってない。そんなことをとても気にする少年だったのだ。

そして、自分でもなんだかわからないけど、地団駄をやってしまったのだ。きっと、地団駄を発現させる神経配線プログラムが脳内に存在するのだと思う。

それからしばらくして、恒例の家庭訪問があった。担任の先生が、児童一人ずつ、家を訪問し、保護者（大抵は母親）と話をするのだ。

子どもたちは、家庭訪問の日は、みんな、家のどこかに隠れて、先生と親がどんな話をするか聞き耳を立てていたものだ。

話が劇のことになったとき、母親が「○○を僕だけもっていけない、と言って地団駄を踏んで怒ったんですよ」と言ったのだ。小林少年は、顔から火が出るほど恥ずかしかったのだ。そういうこともあってのことか、私は地団駄のことをよく覚えている。地団駄を踏んでいるときの感触も蘇るような気さえする。

ヘビニューロン

では、もう一つの質問：「大人ではなぜ見られなくなるか？」については、どうだろうか？

これについても、動物行動学的に容易に、仮説的答えを返すことができる。

それはこうだ。

脳の中には、怖さや、喜怒哀楽の感情の発生源の主役となる「扁桃体」がある。

たとえば、山を歩いていて、突然、前方に、黒い紐状のものが見えたとしたら、ドキッ！とするのではないだろうか。そのとき起こっていることは、目から入った視覚情報が扁桃体に運ばれることによると考えられる。

扁桃体には「ヘビニューロン」と呼ばれる、ヘビの様々な姿に対応して〝ヘビ〟を検出する神経配線系が存在し、この活動によって、われわれが「ヘビ」を意識する前に、脳や筋肉系を警戒状態にするのである。それがドキッ！を感じさせるのだ。

ただし、このような状況に出合ったときのわれわれの脳では、目から扁桃体（少し詳しく言えば、目の網膜の視細胞→視神経→視床→扁桃体）という経路のほかにも、目の網膜の視細胞→視神経→視床→大脳→扁桃体という経路も活動する。この経路で情報が扁桃体に到達するまでには、前者の経路の場合に比べ、大脳を経由する分、少し時間がかかる。

後者の経路が前者の経路と異なるのは、目から送られてきた情報が、大脳で、より詳細に、また、それまでに経験した出来事の記憶内容と比較される点である。

山の中の〝ヘビ！〟の場合、もしそれが、捨てられていた黒いロープだったら、詳細を見れば、また、それまで見たロープの記憶と照らし合わせれば、ヘビではないことが分かり、扁桃体に「ヘビではない。黒いロープだ」との情報が伝えられ、扁桃体の興奮を抑えることになる。そのプロセスは意識にのぼり、黒いロープをヘビだと思いドキッとしたんだ、と自覚することになる。

まずは、危険の可能性がある対象には、「目の網膜の視細胞→視神経→視床→扁桃体」という、素早い経路で、ほんとうに危険なものであった場合に備えて準備態勢をとっておき、少しして、詳しい分析結果を知らせる、という良い戦略だ。

このような大脳の働きは、成長とともに発達し、子どもの頃は、扁桃体が、喜怒哀楽などを発生させると、大脳からの制御が弱く、感情の興奮がそのまま拡大し、泣いたり、怒ったり、喜んだりするという行動が現れやすい（ちなみに、大人でも〝切れる〟という現象が起こるのは、大脳の疲れや不調により、感情の制御が十分に働かなくなって起こるのではないかと推察される）。

子どもの頃、「感情の興奮がそのまま拡大し、泣いたり、怒ったり、喜んだりするという行動が現れやすい」というのは、これまた動物行動学的に、よくできた意味のあることだと私は推察している。というのは、危険への対処能力が十分発達していない子ども期にあっては、泣いたり、怒ったり、喜んだりする、（特に）目立つ行動によって、周囲の個体に助けてもらえる状況をつくっておくことが有利だからと思うからである。

ここまで書けば、地団駄が「大人ではなぜ見られなくなるか？」、お分かりになる読者の方もでてくるのではないだろうか。

そう、地団駄の原因となっている怒りのような感情を大脳が制御するようになるからだ。

なになに？　老化が進んできて大脳の働きが悪くなってきたら、また地団駄を踏むようになるのか？

おそらくその時は扁桃体も老化が進んでいて、それと地団駄を踏めるだけの筋肉もなくなっていて、それはないのでは。

でも地団駄を踏む老人。いたら面白いだろうな。

4

「血のつながり」の正体とは？
そして「自爆テロ」との関連は？

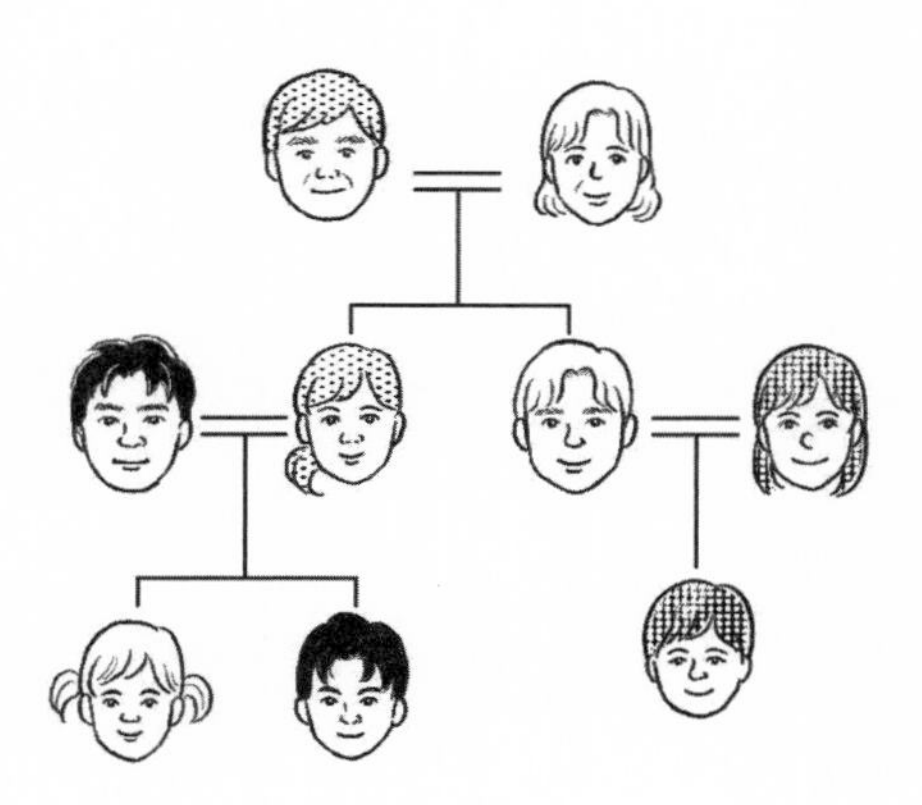

Q1　血のつながりというものは凄いなあと思っています。昔、いとこの子どもたちと遊んでいたりしたとき、他人のどんなに可愛い子がいても自分と血がつながった子どもたちのほうが無条件に可愛いと感じました。血のつながりとは何なんでしょうか？
Q2　ヒトについての疑問。なぜヒトは自爆テロをするのか。偏見かもしれませんがイスラム教の人々が自爆テロをする傾向があるようにも思います。私の祖父は特攻でなくなったそうです。それも自爆テロと言えると思います。

A　血がつながったヒトには、なぜ特別な感情を抱くのか、という内容の質問を五人の方からいただいた。ヒトを客観的に見た良い質問だと思った。
自爆テロに関する同様な質問は他にも二件あった。ヒトのことを考えるとき頭に浮かぶとても気にかかる重要な疑問だと思う。

さて、本章のタイトルにも書いたが、「血のつながり」と「自爆テロ」とは深くつながっている。両者をつなぐのは、利己的遺伝子説と呼ばれる仮説で、それは、ヒトも含めた生物の本質を理解するうえで不可欠で重要な仮説だ。

まずは、その説明からしたい。

理屈っぽくなって申し訳ないが、〝わかりやすさ〟を目指して、頑張って書くのでお付き合い願いたい。

コロナウイルスの場合

利己的遺伝子説は、結論を簡潔に言うと「生物個体というのは、遺伝子の乗り物である」という内容の仮説だ。

コロナウイルスを想像していただきたい。

かなり単純化した話だが（でも本質は間違ってはいない）、コロナウイルスがヒトに感染できるようになるためには、ヒトの細胞の表面に突き出ているタンパク質に、コロナウイルスの表面のタンパク質が、うまく〝引っかかる〟ことができないとだめだ。つまり、ヒトの細胞に取りつくことができないと、感染の第一段階が達成できないのだ。

仮に、今、どのコロナウイルスも、ヒトの細胞に取りつくことができない状況だったとして、では、何が起これば、ヒトに感染することができるウイルスの誕生に近づくだろうか。

それは、コロナウイルスの表面のタンパク質を設計している遺伝子（ＲＮＡと呼ばれる長い鎖状の分子）が突然変異を起こし（具体的には、ＲＮＡの構成要素であり、設計の内容を決めている、Ａ、Ｕ、Ｃ、Ｇで表される四種類の塩基の配列が変化するということ）、設計図の内容が変化し、ウイルス表面のタンパク質が変化することだ（57ページの図参照）。

ちなみに、この変化は、外部から入ってくる物質や放射線などの影響、また、遺伝子に起こる、避けることができない全くの物理的なアクシデントによって生じる。そして、どのように変化するかは予想できない。生物学では「遺伝子の突然変異はランダムに起こる」と表現する。

遺伝子のランダムな変化によって、様々な形態のタンパク質を表面にもったウイルスが誕生し、その中に、ヒトの細胞表面のタンパク質に取りつくことができるタンパク質をもったウイルスがあると、そのウイルスは、ヒトへの感染の第一段階を突破することができるわけだ。

こういった遺伝子の変化の、莫大な頻度の繰り返しによって、第一段階、第二段階、第三段階を突破するウイルスが現れ、ヒトに感染できるウイルスが誕生する。そういったウイルスは、ヒトの細胞の中で遺伝子が何度も何度も複製され、それぞれが細胞を破って外へ出ていく。

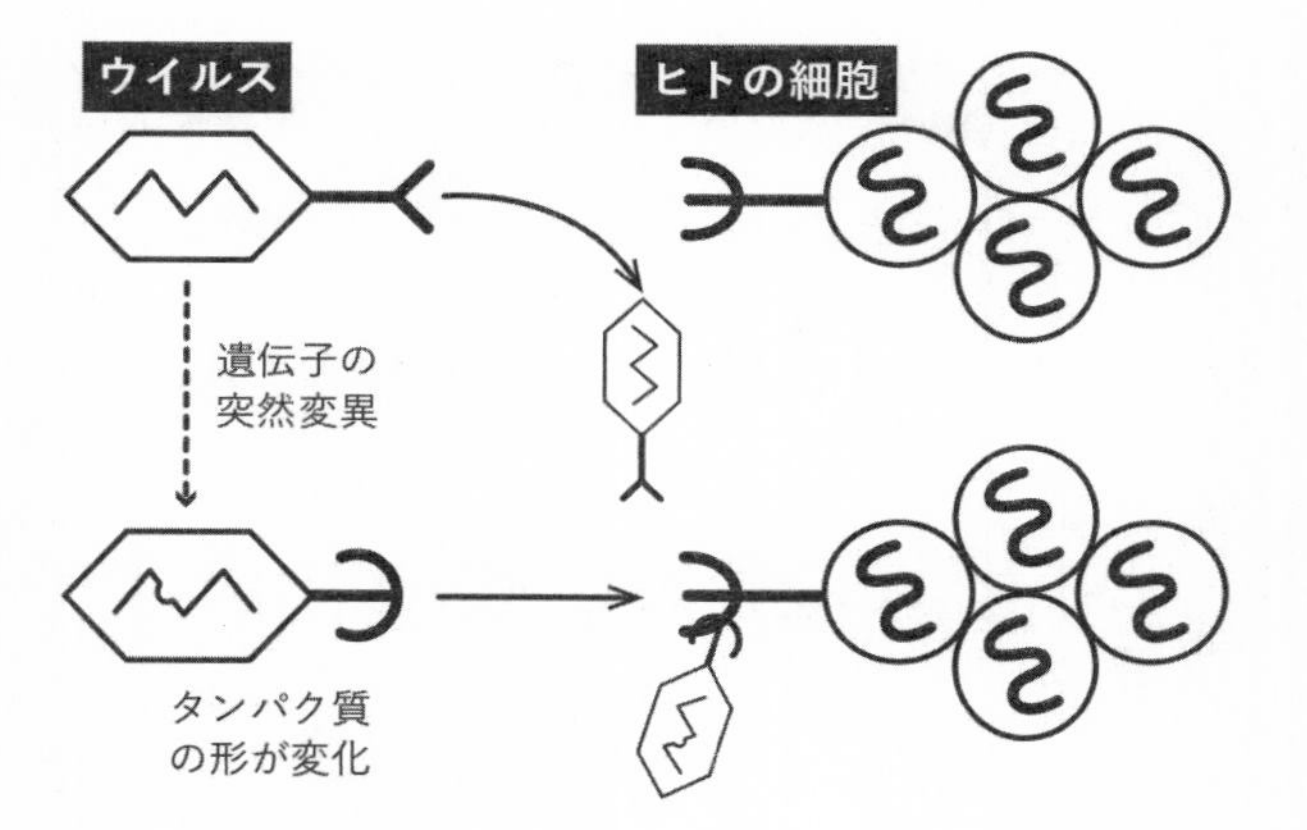
ウイルス
ヒトの細胞
遺伝子の
突然変異
タンパク質
の形が変化

つまり、感染の第一段階、第二段階、第三段階を突破するタンパク質を設計する遺伝子が増えていくのである。

地球に初めて生まれた生命体は、おそらく、自分自身が自分自身を複製できる性質をもったＤＮＡかＲＮＡであったと思われる（ＲＮＡである可能性が高いと考えられている）。やがて、膨大な時間の間に、これまた膨大な頻度のランダムな突然変異を繰り返し、球状の膜になるタンパク質を設計する遺伝子（ＤＮＡ、ＲＮＡ）ができた。それは、タンパク質の膜と、その中に、設計図である遺伝子をもった細胞のような生命体であった。

コロナウイルスも結局はそういった存在だ。つまり、コロナウイルス、あるいは、細菌のような生命体は、遺伝子が乗って移動する乗り物なのだ。

では、ヒトのような、たくさんの細胞からできている生命体（多細胞生物）はどうか。そういう生命体も結局は同じなのだ。

遺伝子に突然変異が起き、細胞分裂した細胞同士がくっついて離れないようなタンパク質の設計図を増築した遺伝子ができると、多細胞生物ができる。でも、それを設計し、その動き方の大枠を決めているのは、やはり、遺伝子なのである。

行動や心理を決めるのも遺伝子

そして、ヒトの行動や心理の大枠を決めるのも、結局は遺伝子だといってもいい。その理由を簡単にお話ししよう。

ヒトの行動や心理、思考などを大枠で決めるのは、脳内の神経系の配線だ。その証拠に、脳内の神経の配線を、切断したり、変えたりすると何が起こるだろうか。

切断する神経の場所によっては、痛さを感じることや恐れを感じること、怒りを感じること、恋をすること、我が子を可愛いと感じることなどが完全になくなることが起こりうるだろう（たとえば、痛さを感じることがない〝無痛症〟は、神経に問題があることがよく知られている）。

それは、脳の配線が、痛さを感じることや恐れを感じること、怒りを感じること、恋をすること、我が子を可愛いと感じることを発生させているからだ。この事実をしっかり認めていただきたい。

繰り返すが、ヒトの行動や心理、思考などを大枠で決めるのは、脳内の神経系の配線なのだ。

そして、その配線を決めているのは、設計しているのはなにか？　ヒトの遺伝子なのだ。ヒトの脳は、延髄、小脳、間脳、中脳、大脳からなっているが、それを生み出しているのは何だろうか？　ヒトの遺伝子なのだ。

さて、では、なぜ本来、ヒトは、痛さを感じたり、恐れを感じたり、怒りを感じたり、恋をしたり、我が子を可愛いと感じたりするのだろうか。それは、そのようになっていたほうが、遺伝子が残りやすく、増えやすいからである。個体の破損を少なくでき、遺伝子のコピーが入った新しい個体を生み出し、守ることができるからである。

コロナウイルスがヒトに感染して、細胞の中で、遺伝子の入った子ウイルスをたくさんつくるのと同じことである。それができるウイルスという乗り物を遺伝子が設計し生産しているのと同じことである。

そして、個体という乗り物は、やがて滅ぶが、遺伝子はその後の世代、存在し続けるのである。

なぜ存在するのか？　一旦、そういう設計を行う遺伝子ができたら、増えてしまうからである。ただし、もっと効率的に増えていく遺伝子が、突然変異によってできてしまうと、今の遺伝子は、乗り物同士の競り合いの結果、地球からなくなってしまう可能性が高いが。

コロナウイルスの新型変異株が増えていき、旧型のウイルスがなくなっていくのもそういう事が起こっているのだ。さらに、生命誕生から約三五億年の歴史を考えると、新しい種が祖先種に代わって増え、その種もまた、さらに新しい種に取って代わられ、……それが進化である。そういった進化の根幹にある現象は、遺伝子の変化である。

個体は、遺伝子の乗り物なのだ。もちろん、ヒトという種も含めた多くの種の乗り物には、各々の種の乗り物に特有な「思考」や「学習」をする機能も搭載されており、ヒトの場合では、それが、異なった性格や文化などを生み出している。

以上が「利己的遺伝子」の内容である。

ヒトという乗り物

もう理屈っぽい話はやめてくれ、と感じている読者の方もおられるかもしれないが、そういう方には申し訳ない。ここで一息ついて、以下、少し補足をさせていただきたい。

現在、地球には、少なくとも三〇〇〇万種以上の種類の生物（乗り物）が存在する理由と、ヒトという生物に、「ヘビや猛獣への恐れ」や、「友情」と呼んだりする心理・感情が存在する理由を簡潔にお話しておきたいのだ。

どんな乗り物が増えやすいか（それを設計した遺伝子が増えやすいか）は、それが生きる環境による。どこを生息場所にして増えるのか、によって異なる。

例えば、水中を移動して生きる比較的大きな動物は、水の抵抗を少なくした流線型の形や、水中の酸素を吸収できる装置をもった乗り物になったほうが、遺伝子は増えやすいだろう。哺乳動物の体毛の中で生き、皮下の血管から血液を吸収する生活スタイルをもつ乗り物は、体毛にしがみついたり、皮下の血管まで届く針のような口部をもったりする乗り物が有利だっただろう。

つまり、地球には実に様々な「生きる場所」（生息場所）があるので、それに応じて、遺伝子が増えやすい乗り物は、当然、形態や構造が異なっており、したがって、地球には、少なくとも三〇〇〇万種以上の種類の生物（乗り物）が存在するのである。

ではヒトという乗り物は、どういった形態や構造、機能をもったものが、より多くの遺伝子を残しやすかっただろうか。

ヒト、つまりホモサピエンスが祖先種から、遺伝子の変化を経て、新型の乗り物で登場した環境は、「自然の中で、一〇〇人以下の個体が群れをつくって、狩猟採集の生活を行う」といった環境だったと考えられている。約二〇万年前である。

ヒトが出現した場所はアフリカで、その後（四万年くらい前）、アフリカを出て、徐々に世界中に広がっていったと考えられている。

ヒトという乗り物が、生存し子どもを残す上で優れていた点はいろいろあるが、精神面で言えば、例えば、「動物や植物の習性に関心を示し、それを記憶しやすい」という神経配線、「毒へビや猛獣に対し恐怖や警戒心を感じる」神経配線、「他個体を識別し、それぞれの個体の性格やその時々の心理を読み取りやすい」神経配線、「裏切りをしにくい個体と互いに助け合い協力して目的を果たそうとする」神経配線、「言語を使いこなす」神経配線……などである。

ちなみに、こういった精神特性を生み出す神経配線は、一つの遺伝子だけで設計されているのではない。複数の遺伝子が集まって設計している。それは遺伝子の、いわば「戦略」で、それぞれの遺伝子同士が、他の遺伝子の設計図に合わせて自分の設計図をつくり（もちろん遺伝子に意思はない。突然変異の結果、たまたま出来てくるのである）、結果として、これらの精神の神経の配線ができるのである。ヒトの場合、こういった遺伝子はくっついて存在することが多く、その集合体を生物学では「染色体」あるいは「染色糸」とよんでいる。ただしすべての遺伝子が一本の染色糸として存在するのではなく、四六本の染色糸に分かれて集まっている。

同じ遺伝子を持っている可能性

さて、では、利己的遺伝子についての話はこれくらいにして、本題、つまり「血のつながり」と「自爆テロ」についての話に入っていこう。

まずは、われわれが「血のつながり」として感じ、その個体のほうを、血のつながりがない個体より可愛いとか、助けてやりたいという気持ちを持ちやすいのはなぜか。「血のつながり」とはなにか、という疑問である。

今、遺伝子に突然変異が起こり、自分のコピー（つまり自分と同じ遺伝子）を運んでいる乗り物を識別し、そういった乗り物を助けるように行動する神経配線をつくる遺伝子（ややこしい！）が出来たら、その遺伝子は、その後の世代で増えていくだろうか？

確かにややこしいが、「自分のコピー（つまり自分と同じ遺伝子）を運んでいる乗り物」を現実世界での話にすると、ややこしくなくなる。その乗り物こそ、「血のつながり」

のある個体（血縁者ともいう）なのだ。

ヒトについては後で話すとして、ミツバチの（実際の）場合を見てみよう。

ミツバチの群れの中には、たくさんの働きバチと一匹の女王バチがいる。〝たくさんの働きバチ〟はすべて女王バチの子どもである。つまり、働きバチは、互いに、女王からの同じ遺伝子をもっている可能性が高い血縁個体同士だ。

さて、ミツバチの群れがいる巣に天敵であるスズメバチがやってきたとき、働きバチたちはどう行動するか？　ご存知のように、スズメバチに向かっていき、かなりな数の働きバチが死んでしまうが、スズメバチを取り囲んで体を熱くする。すると、ミツバチより少しだけ熱に弱いスズメバチは、熱で死んでしまう。

この現象こそ「自分のコピー（つまり自分と同じ遺伝子）を運んでいる乗り物を識別し、そういった乗り物を助けるように行動する神経配線をつくる遺伝子」をもった乗り物の行動なのである。そして、そういう神経配線をつくる遺伝子はしっかりと残っていく。

なぜなら、自分は死んでも、その遺伝子を運ぶ他の乗り物が生き残りやすくなり、その遺伝子が残れば、結局、血縁個体を助ける乗り物は残って増えていくではないか（67ページの図参照）。

ヒトでもそうなのだ。同じ遺伝子をもつ可能性が高い血縁個体、つまり「血のつながり」がある個体は、互いに自分が犠牲になってでも相手を助けるように、遺伝子につくられているのだ。そして、繰り返すが、そういった遺伝子は、増えてしまうのである。

親が子に対して、あるいは、ある個体がその個体のいとこ（の子）に対して、助けたいという気持ちになるのは、我々がそういった遺伝子によって設計され、つくられているからだ。

「血のつながり」は「同じ遺伝子をもっている可能性が高い」ことを示し、そういう個体を助けるような神経配線をつくる遺伝子が増えてしまっているからなのだ。

特攻隊のケース、イスラム教のケース

では次。

「ヒトについての疑問。なぜヒトは自爆テロをするのか。偏見かもしれませんがイスラム教の人々が自爆テロをする傾向があるようにも思います。私の祖父は特攻でなくなったそうです。それも自爆テロと言えると思います」

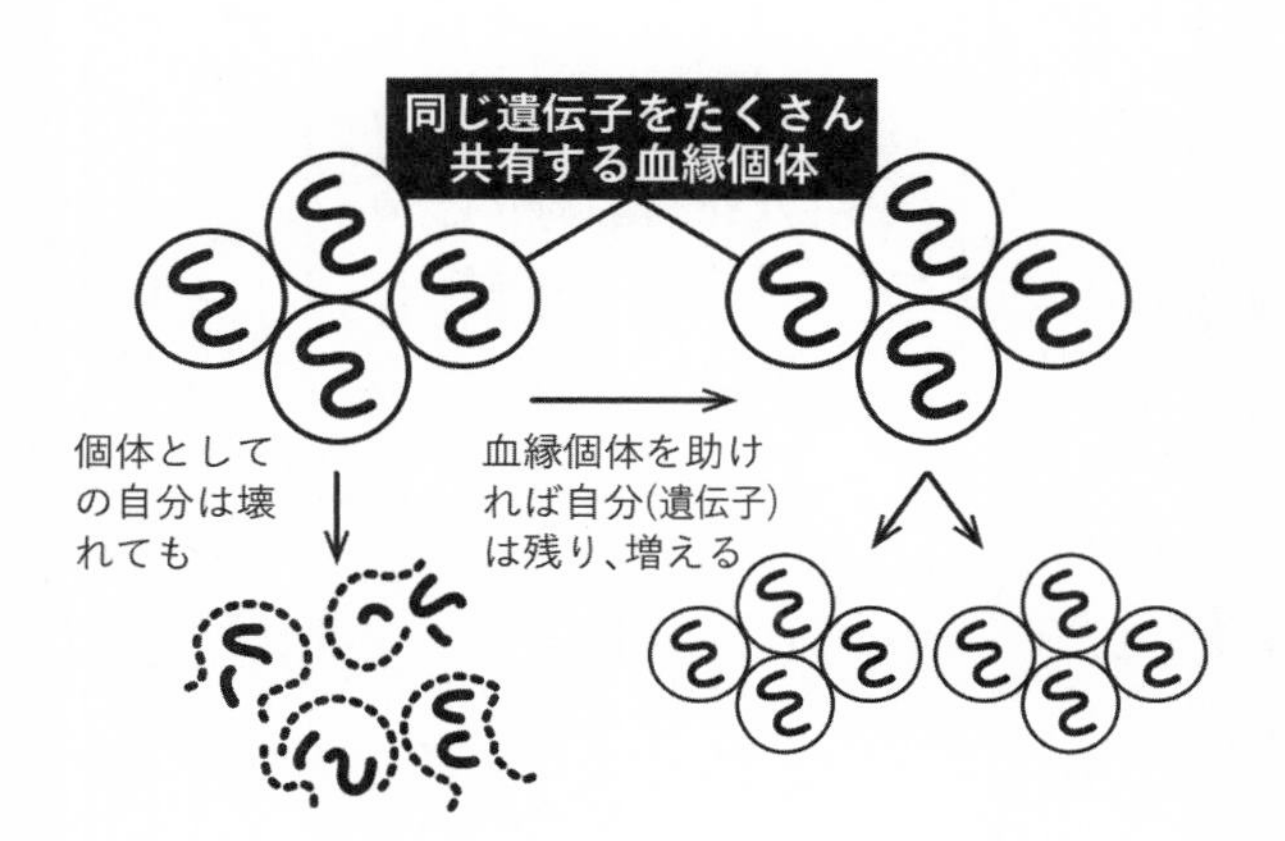
同じ遺伝子をたくさん
共有する血縁個体
個体としての自分は壊れても
血縁個体を助ければ自分(遺伝子)は残り、増える

まず、特攻隊に志願して亡くなっていったヒトたちのことを考えよう。

私は、特攻隊としての役目を果たし亡くなられた方たちについて、その経緯や、本人や周囲の人たちの心理などけっしてよく知っているとは言えない。その上での私の推察をもとにした考察なので了解いただきたい。

特攻隊に志願した、あるいは、特攻隊となることへの指名を受けた主たる理由はそれぞれ異なるだろう。ただし、動物行動学の視点から考えると、理由の中に次のような心理があったことが推察される。

「特攻隊として国のためになることは、家族は悲しむかもしれないが、家族、つまり自分の血縁個体の社会的評価を上げることにつながるのではないか」

「特攻隊として敵国の軍事兵器などに打撃を与えることは、日本の勝利に少しでも貢献することになり、ひいては、家族を守ることにつながるのではないか」

後者の推察については、本人が受けてきた教育も関係していると思われる。大きな敵と戦っているときには、集団（この場合の集団は日本国民）への帰属感が高まるほうが、遺伝子としては、自分が残っていく乗り物としては優れているだろう。それに加えて、集団の他個体からの一貫したアドバイスが何度も繰り返され、それを学習して思考に取り込む性質をもっているほうが、乗り物としては優れているだろう。そのアドバイスというのは「お国のためになら命もささげる覚悟であることが良いことだ」というものだ。

このような教育の効果と、脳の成長とともに出来上がってくる「同じ遺伝子をもっている血縁の他個体を助けるという性質の神経配線」とが絡み合い、特攻隊を志願するという選択もされやすかったのではないだろうか。

イスラム教の人々が自爆テロをする傾向があるのでは、との質問については、北海道大学のアラン・S・ミラー氏とロンドン・スクール・オブ・エコノミクス・アンド・ポリティカル・サイエンスのサトシ・カナザワ氏が共著で書かれている「進化心理学から考えるホモサピエンス」（伊藤和子訳、パンローリング）の中に、見事な分析がなされているので、それを紹介したい。

イスラム教は、キリスト教やユダヤ教などの、他の宗教と異なり、婚姻に関して一夫多妻を認めている。一夫多妻が認められているということは、男性同士の競争が激しくなり、しばしば、若い、人脈などの力のない男性が、繁殖の機会をもてない場合が多いということだ。

さらにこれに加え、殉教者は、天国で七二人の処女妻に迎えられると教えられる。

これら二つの状況が合体すると、遺伝子が設計してつくった乗り物の一装置（脳）は、「自爆テロをすれば、七二人の女性との繁殖機会を得ることができる」という科学的には全く間違った判断をする場合が多くなる。

実際、自爆テロに走るのは、若い男性が多く、ほぼ例外なく独身である。

以上が、「血のつながりの正体とは何か？ そしてヒトはなぜ自爆テロを行うのか？」という質問に対する、利己的遺伝子説を基盤にした進化心理学からの仮説的答えである。

感情はしっかり味わうべし

どうだろう。何やら「血も涙もない仮説だな」みたいな感想をもたれる読者の方も少なくないかもしれない。でも、このような科学的知見を総合したうえでの考察は、これからの我々の進むべき方向を考えるうえで不可欠だと思う。

それは、「我々ヒトも、他の動物と同じ、遺伝子が設計した、遺伝子が増えていくのに有利になるような機能を備えた乗り物だ」という、科学的根拠をもとにして提示されたとても合理的な仮説は、ヒトの特性をより深く理解することを可能にし、〝遺伝子の裏をかいて〟ヒトの各〝個体〟の幸せ感につながる有効な方策のヒントも示してくれるからである（詳しいことがお知りになりたい方は、拙著「利己的遺伝子から見た人間」PHP研究所をどうぞ）。

例えば、自爆テロを減少させるために有効なヒントをくれるに違いない。一つ上げるとすれば、合理を基盤においた教育を行い、地球の様々な国々でのヒトの生活や世界の成り立ちについての教育内容の合理性を上げれば良い。教育ということで言えば、現在、一昔前、発展途上国と呼ばれていた、アフリカを想像させる国々では、女性の社会進出も進み、経済の発展とともに乳児死亡率や飢えによる死亡率などが下がり、個々人の「幸福感」が増しているという事実があるのだ。

それがすぐ実行可能な方策であるかどうかは別にして、ホモサピエンスの動物行動学的理解は重要だと思うのである。

そして、もう一つ。

自分の子どもに愛おしさを感じたり、異性に恋心を感じたり、仲間と協力して難しいと思っていたことをやり遂げて達成感を覚えたり、……こういった気持は、どうせ遺伝子が増えやすいように設計された乗り物の性質に過ぎない、と思う必要はないということだ。個体の幸せにつながる感情は、それ自体、〝本物〟であり、しっかり味わえばよいのだ。
何やら道をちょっと逸れてどこかへ行きはじめたような。答えになっただろうか。

5

「思い込み」はなぜ起こるのか？

Q　自分が見聞きした物事を、他人もそうだと当てはめたり、Aのグループである人間はこうだ、と決めつけてかかってしまう事が多いのはなぜでしょうか？　またそうしないためには？

A　以下、私の仮説的答えである。
まずは、次の文章を読んでいただきたい。

新年、あけしまて、おでめとうざごいます。


どう読まれただろうか。

これは、ネットを見ていたら、どなたかが（すいません。その方がだれだったか覚えていません）お話しされた、われわれの脳の特性を説明するために示された文章だった。

私は「新年、あけまして、おめでとうございます」と読んだ。読んだというか、読めてしまった。感じてしまったのだ。

さて、Twitterで質問された方が聞きたかったのは、簡潔に、そして少し修飾して言えば、「人では、自分の脳内にある（大抵は、それまでの体験の中で印象深く学習された）内容に従って状況を判断してしまう、一般に〝思い込み〟と呼ばれることが、なぜ起こるのか」ということだと思う（私の説明で余計に分かりにくくなったりして）。

自分が見聞きしたことから、関係者の心情や因果関係を、自分の脳内の大まかなストーリーに従って〝思い込む〟。「ある団体の人、数人と、ある話題について話をしたら数人とも同じ考えを言った」という経験をしたら、その団体の人はみんな、そう考えているのだろうと〝思い込む〟。そんなことだろう。

「省エネ思考」という特性

ホモサピエンスの脳の特性の一つに「省エネ思考」とでも呼ぶべき特性があることが知られている。

ある対象を見たり聞いたりしたとき、対象の細部を、脳内にある、これまでの主に学習によって蓄えられている記憶と細かく比較するのではなく、その対象の大まかなパターンが記憶内に見つかれば、その記憶をそのまま意識にのぼらせるのである。「細かく比較する」とその際の神経活動のために、かなりなエネルギーが消費されるため、それを避けるために「思い込み」があるというわけだ。

「新年、あけしまて、おでめとうざごいます」の例では、それを見たとき、それと大まかに似ている脳内記憶の「新年、あけまして、おめでとうございます」がすぐにヒットし、それが意識にのぼったのである。

通常は、この情報処理のやり方で、まず、うまくいくので、「省エネ思考」になる。

「ある団体の人、数人と、ある話題について話をしたら数人とも同じ考えを言った、という経験をしたら、その団体の人はみんな、そう考えているのだろうと〝思い込む〟」……という場合はどうだろう。

これも、結束したグループをつくっている集団（仮にA集団としよう）のメンバーは、（話題にもよるが）似たような考え（仮にａとしよう）を持っている場合が多く、「A団体の人はみんな、ａと考えているのだろう」と考えるのは脳内神経系の省エネにつながる場合が多いだろう。

どこかで、またA集団の別の人に会ったとき、脳内記憶の「A集団」＝「ａという考え」という大まかなパターンが意識にのぼるだろう。

脳が消費するエネルギー

ここで、「細かく比較すると、その際の神経活動のために、かなりなエネルギーが消費され、それを避ける」ことによる脳内神経活動の省エネがなぜそんなに、生存・繁殖に有利なのか、少しだけ触れておこう。

「自然の中での狩猟採集生活」においては、体内に吸収できるエネルギーは、理想の量から比べると不足しがちであったことは容易に想像できる。火を使うことで収穫物の動物や植物からエネルギーを吸収しやすい状態にすることができたと考えられているが、それでも不足は補えなかったという考えが定説である。

いっぽう、狩猟採集ホモサピエンスの脳は、重量では体重全体の約二％にすぎないのだが、他の器官と比べエネルギーの消費量はとても多く、体全体が消費するエネルギーの約二〇％にも及ぶことが知られている。

もちろん、それだけのエネルギーを消費したとしても、脳の働きは、ヒトの遺伝子が受け継がれていき、子孫の世代に残って増えていくうえで欠かせないものだったので、進化してきたのだろう。ただし、エネルギーを遺伝子の生き残り、つまり生存・繁殖にはあまり影響がない部分では節約し、その分のエネルギーを、脳の精緻な活動が生存・

繁殖に大きく作用する部分に回した方が、トータルとして、遺伝子はより増えやすいだろう。

最近の研究では、自分が命の危険に関わるような場面（たとえば高い崖から真っ逆さまに落下しているときなど）に遭遇したときは、脳は大量のエネルギーを消費して活動し、詳細な情報処理を行うことを明らかにしている。おそらく、外界の事物事象の変化がスローモーションのように感じるような体験が起こっているのではないかと推察される。脳は、生存・繁殖の成功度を基準にして、省エネの「思い込み」のような情報処理と、どうしても必要な時の、エネルギーを多く使う詳細な情報処理を使い分け、総合的に生存・繁殖の成功率を上げるような仕組みにつくられているのだと思われる。

省エネの「思い込み」は、少なくとも、「自然の中での狩猟採集生活」においては、実際、生存・繁殖という点で有利に働いていた可能性が高い。雷や嵐などの原因を神といった大いなる力のせいにしたり、噂を無批判に信じたりすることは、脳活動によるエネルギーの消費を少なくしてくれる。雷や嵐、噂などについて、それらの理由や真偽を脳内で、大きなエネルギーを消費して考え続けることは、大抵の場合、生存・繁殖に不利だったに違いない。

「常識は疑ってかかれ」という言葉がわざわざ警句として発せられることは、そもそもヒトの脳が、省エネの「思い込み」を行いやすい傾向を有していることを示唆している。

振り込め詐欺

ただしだ。では現代社会ではどうか、というと状況は異なってくる。科学技術や経済の規模やその動き方、人間関係や人間同士で交わされる情報の複雑さなどが格段に増した現代では、省エネの思い込みが、生存・繁殖に不利になる場面が増えてきたといえるのではないだろうか。

拙著「苦しいとき脳に効く動物行動学」（築地書館）の裏表紙には、私が書いた本文に目を通された編集担当の方の、全体の内容を表現するコピーとして、次のような文が記してある。

「もし、現代が一〇〇人の狩猟採集生活を送る集団だったら振り込め詐欺にひっかからない人は生き残っていないだろう。」

読者の方は、このコピー文がどういうことを意味しているか、直ぐには、おわかりにならないかもしれない。

このコピー文こそ、まさに、先の文章「ただしだ。では現代社会ではどうか、という状況は異なってくる。科学技術や経済の規模やその動き方、人間関係や人間同士で交わされる情報の複雑さなどが格段に増した現代では、省エネの思い込みが、生存・繁殖に不利になる場面が増えてきたといえるのではないだろうか」を逆説的な言い方で表した名コピーなのだ。

こういうことだ。

〝犯人〟が、手の込んだ状況を充分に揃えて（つまり、たとえば、キャッシュカードに絡めた詐欺の場合なら、警察官役の人物や銀行協会の職員役の人物など）、それぞれが真実味のある説明をしたとすれば、少なくとも狩猟採集時代（それがホモサピエンスの体の構造や脳の認知神経配線などが適応した本来の環境）のホモサピエンスであれば、信じることが脳の当然の動き方だ。

そもそも、狩猟採集時代にそんな手の込んだ嘘を設定するようなことはありえず、したがって、そんな環境に適応した脳の神経配線は、正しい重要な情報として認知し、それに対応すべく行動したほうが生存・繁殖には有利だっただろう。それを、「これは嘘かもしれない」と考え、疑って、直ぐに動かないような個体は生存・繁殖において大きな損害を被っていた可能性が高かった、ということだ。

エネルギーも損失するし、生死を分ける瞬時の判断が求められる狩猟採集生活においては、〝振り込め詐欺〟的情報を怪しんで、疑り続けて、行動を起こさない個体は、〝生き残っていないだろう〟というわけである。

「自分はどうなのだ」

さて、では、質問にあった、こういった脳の「思い込み」特性を抑えるにはどうしたらよいだろうか。

正直なところ、すべての「思い込み」に対処するというのは、なかなか難しいと思われる。

ゆっくり思考できるときであれば「この話、この考え、本当のことか？」と疑ってかかり、自分自身でゼロに近いところから理性的脳内配線を活動させて精緻に検証していくことはできる。しかし、精神的に、あるいは物理的に、ゆとりがないときは、「疑る」

こと自体に思いが行かないのである。気づかないのである。

「思い込み」神経配線が素早く作動してしまうのだ。脳がエネルギー不足のときは尚更そうである。〝精緻な検証〟が作動する方向へ神経の活動が移行するためにはエネルギーが必要なのだ。

まー、方法は、いろいろ考えられるが、今、ちょっとエネルギーが不足気味な私の脳内に浮かぶ方法は、〝精緻な検証〟が、無意識に立ち上がるくらい、それを習慣にする、ということだろうか。何度も何度も何度も繰り返して、意識して注意しなくてもそうなるような「習慣」のようにしてしまうのである。

ちなみに私は、老化する脳への対策として、他人の行動を評価するとき、「自分はどうなのだ」と問うことを習慣にしている（しようとしている）。大分、ルーチンな習慣になりかけている。他人のことを「思い込み」で批判的に思ってしまう前に、自分はどうなんだ、と問うのだ。すると、「自分が相手の立場だったら同じようなことをしていることもあるのではないか」という思いも湧いてくることがしばしばであるのだ。

繰り返す。現代社会では、「振り込め詐欺」に見られるような巧妙な偽装状況もつくり出すことができるし、さまざまな物事が自分の周囲で目まぐるしく動いていて、われわれは、「思い込み」神経配線のせいで、それらの動きを表面的に（！）結びつけて解釈し、誤った因果関係を思い込んでいる場合が多々あると思われる。

ファクトフルネス

最近、「ファクトフルネス」という言葉が注目されている。それは、マスコミなどからの偏った情報の脳内入力に対抗して、真実に近い状態を理解することであり、行為を示すものである。

マスコミは視聴率を上げなければならないのでヒトが不安やショックを感じるようなニュースを選択して流してくる。それを受け止める脳は、社会では、そういったことが頻繁に起こっているのだ、と解釈してしまう。社会の状況をそのように感じてしまう（それは、少なくともホモサピエンスが適応した本来の狩猟採集生活環境においては生存・繁殖に有利に働く脳の特性だ）。

ファクトフルネスに基づく状況把握では、客観的に、各々の出来事の件数（！）が数えられる。

最近の米国での調査によれば、調査地域では、犯罪件数は明白に減少しているのに、そこに住む市民の過半数は、おそらくマスコミが伝える情報による脳の解釈によるのであろう、犯罪は増えていると感じていることなども明らかにされている。

「ファクトフルネス」は、私が、習慣として脳に刻みつけたい言葉の一つでもある。

6

―― ヒトは現在も進化しているのか？

Q1　現在でもヒトは進化しているのでしょうか？
Q2　人間に現在進化している要素は観測されていますか？　歯医者さんに歯が少なくなってきていると聞いたことがあります（実際自分は生まれつき二本かけています）。

A　「進化」ときましたか。
この質問に答えるためには、まずは、「進化」とはどういうことなのか。その正体を今一度しっかり理解しておく必要がある。ちなみに、（この部分は読み飛ばしていただいても結構だ）私は、大半の進化生物学者と同様に、基本的にはダーウィンの進化論の仕組み（自然選択説）を支持している（厳密にいえば利己的遺伝子説を支持している）。

進化生物学者の中には、遺伝子解析の技術の発達によって勢いを増してきた「中立説」は自然選択説の理論を覆すと考え、進化を推し進める力は〝偶然〟だと主張される方もいる。でもそれは誤りだ。最終的に、生物は、その生息環境で生存・繁殖がうまくいかなければ残っていかないのであり、うまく行った個体が残っていく過程を適応と呼ぶ。もちろん、遺伝子の変化は基本的に偶然であり、偶然の結果としてできた、適応した形質とは無関係な遺伝子も、〝適応〟にマイナスの影響を与えなければ、遺伝子の集合体である染色体の中に残ることは当たり前のことだ。でも、そういった内容を示す「中立説」が、「自然選択説」を覆すことはありえない。

退化は進化

さて、「退化」という言葉がある。ここからはじめよう。

日常の世間話のような会話で、たとえば「光がまったく差し込まない深い深い、真っ暗な洞窟の中に棲んでいる昆虫は、目を使わないから、目が退化していることが多いでしょ」のように〝退化〟という言葉を使うことは全く問題ないだろう（退化が進化と反対のことのように使われているのだけれども）。でも、科学の世界の中での学術的な会話で、そういう発言をしたとしたら、その人物は進化の正体をわかっていないとみなされても仕方ない。

というのは、たとえば「われわれホモサピエンスに完全な直立二足歩行を行える骨格構造や運動神経系ができること」と「真っ暗な洞窟の奥で生きる昆虫の目がなくなること」とは、どちらも同質の進化なのだから。

進化というのは、簡単に言えば、次のような現象だ。

形質や行動の設計図（行動に関しては、その行動を引き起こす神経の配線の設計図）である遺伝子が変化し、つまり、設計図の内容が変化し、さまざまな点が親とは異なる子ができ（もちろん親と殆ど変わらない子もできるだろうが）、そのさまざまな形質をもった子どものなかで、生息地での生存・繁殖に、より適応した形質をもった子どもが成長して、より多くの子どもを残す。そういった過程が何世代も何世代も繰り返され、〝より適応した〟個体が全体に広がっていく（その過程は、消え去っていく形質の個体に着目すれば〝自然淘汰〟、残って増えていく個体に着目すれば〝自然選択〟と呼ばれる。結局、同じことだ）。

〝目〟つまり、角膜、水晶体、網膜、視細胞や視神経、脳内の視覚情報処理神経系という一連の「〝目〟関連装置」をもった個体は、それらの維持のためにたくさんの物質やエネルギーを消費しなければならず、真っ暗な洞窟の奥では、物質やエネルギーの無駄遣いをすることになる。そこでは、それらが働くことは全くないにもかかわらず。

したがって、そんな親個体から、遺伝子（設計図）の変化によって、一連の「〝目〟関連装置」がなくなってしまったり、〝目〟の表面の構造を変えてそれらを別の外界刺激

（例えば、微細な音とか、水圧とか）の受信に使うようになったりした子どもが生まれたとしたら（一回の遺伝子の突然変異では無理だろうが）、その個体のほうが生存・繁殖に有利になる。そして、その形質を受け継ぐ子どもをたくさん残す。

ヒトの「直立二足歩行」についても同じである。ホモサピエンスが進化的に誕生したと考えられているアフリカのサバンナでは、四足歩行より直立二足歩行のほうが有利であり（その有利さの内容については、〝遠くの捕食獣を早く発見できる〟、〝空いた前肢を獲物などの運搬や道具使用に使える〟、〝直射日光を垂直に受ける体の面積が少なくなる〟など諸説ある）、四足歩行に必要な筋肉や骨格の構造をもつ個体より、生息地では、より有利な形質（直立二足歩行形質）をもつ個体のほうが増えていく。

分解酵素の進化

では、本題である。

「ヒトは現在も進化しているのか」

答えは「（諸般の理由で起きにくくなってはいるが）もちろん、進化は起こっている」だ。

まずは、「現代」を、ここ数千年の間（ホモサピエンスの歴史は二〇万年から三〇万年である）と考えれば、進化の一例として「ミルクの分解酵素の生産時期の延長」があげられる。

ヒトでは、哺乳類のミルク（母乳）に含まれるラクトース（乳糖）は、そのままでは小腸から吸収されず、吸収されるためには、ラクターゼと呼ばれる分解酵素によってグルコースとガラクトースに分解されなければならない。

ヒトは、本来（約二〇万年前の進化的誕生時以降）、ラクターゼは乳児期を過ぎると生産されなくなるという生理的特性をもっていた（そのような仕組みを生み出す遺伝子があったのだ）。乳児期を過ぎると、もう、母乳は飲まなくなるわけだから乳児期以降もラクターゼを生産する仕組みを維持することはエネルギーの無駄になる。真っ暗な洞窟の奥で生きる昆虫の目の場合と同じことだ。

ところがだ。今から六〇〇〇年前ごろ、地球のある地域で暮らすホモサピエンスでは、「ラクターゼ生産の持続時期を調節する」遺伝子に起きた、ある変化が、生息環境でとても有利になり、その遺伝子をもった個体の生存・繁殖が優位になっていった。つまり進化が起きたのだ。

その地域とは、狩猟採集に加え「牧畜」も行いはじめた地域であり、そういった地域では、牧畜動物であるウシやヤギが出産したときに出すミルクを、乳児期を過ぎたホモサピエンスも（もちろん大人も）飲んで栄養として吸収できるほうが生存・繁殖に有利だったのだ（ちなみに、進化の度合いが大きければ、進化の産物としての新しい形質をもった個体を別種とみなすこともあるが、それほど大きな度合いの進化である場合も進化は進化だ）。

いっぽうで、狩猟採集生活から農耕生活に移行した（あるいは狩猟に加え農耕も行うようになった）地域のホモサピエンスでは、穀物に含まれる炭水化物を、小腸で吸収できる糖にまで分解できるアミラーゼと呼ばれる酵素が、それまでよりも素早く、多く生産されるようになったことも知られている。アミラーゼの遺伝子の数がゲノム（遺伝子の総体）の中で増えるという遺伝的変化が起こっていることも分かっている。おそらく、その遺伝的変化が原因だろう。これも進化である。

興味深いことに、「アミラーゼの遺伝子の数がゲノムの中で増えるという遺伝的変化が起こっている」のは、農耕生活を行うようになったホモサピエンスだけではなく、農耕生活を行うようになったホモサピエンスに飼われていたイヌでもそうらしい。イヌの祖先種と考えられているオオカミの（平均で）七・四倍の数のアミラーゼ遺伝子が存在するという。

全くの余談だが、私が数年前、イヌについてのこの事実を知ったとき、なにやら、幼い頃からの、罪悪感と疑問が混じったような感情が薄れていくのを感じたものだ。

小学生の頃、私はイヌを飼っており、餌にはたいてい、専用の入れ物に母からご飯（つまり米！）と味噌汁、焼いた魚の骨などを入れてもらい食べさせていた。時には、ご飯と味噌汁だけのこともあり、出汁は煮干しからとっているとはいえ、ジャガイモと野菜だけしか見えないときは、（幼いながらも動物についてはいろいろ知っていた）小林少年は心配したのだ。イヌはオオカミと同じ肉食動物だろう。だったら、勢いよく食べてはいるが、栄養を吸収できているのだろうか……と。でも、自分（小林少年）の食事から肉を分けてあげるのももったいないし……まーっ、いいか……みたいに自分をごまかしていたのだ。

でも、ホモサピエンスに飼われていたイヌがアミラーゼ遺伝子をもっていることを報じる論文を読んで、ちょっと気持ちが楽になったのだ。ただし自分（小林少年）の食事から肉を分けてあげなかったことは変えることのできない事実であり、それはダメだろ、という気持ちは消えないのだが。

もう一つ、ホモサピエンスの現代（今度はここ一〇〇年以内）の進化として「米国のある地域で起こっている女性の体型と閉経の時期の変化」についてお話ししよう。

マサチューセッツ州フレーミングハムの住人、約一万五〇〇〇人を対象に、一九四八年から二〇一三年まで行われた、数世代に及ぶ研究で次のようなことが見いだされた。

「フレーミングハムの女性は、より小太りで、コレステロール値がより低く、閉経の年齢が高い女性の方が、明らかに健康な子どもをより多く産んでいる。そして、それらの特性は遺伝的なもので、その特性を担う遺伝子が子や孫へと伝わって行ったためだと考えられるが、フレーミングハムの女性は、確実に、小太りでコレステロール値が低く、閉経の年齢が高くなっている」

研究者たちは、フレーミングハムで起こっている現象に、まだ、地域の環境特性とはっきり結びつく根拠を見いだせていないが、生存・繁殖に有利な形質が、自然選択を受けながら進化してきた結果だと述べている。

「ミルクの分解酵素の生産時期の延長」の場合もそうだったが、それぞれの地域ごとの特性も関与して、ホモサピエンスの進化は起こっているというわけだ。それは他の生物の進化でも同じだ。

エイズに感染しない人々

次は、少し込み入った話になるが、「ＡＩＤＳ（エイズ）に対する耐性形質」について紹介しよう。

エイズはＨＩＶ（ヒト免疫不全ウイルス）によって引き起こされる。

これまでの研究によれば、一九二一年ごろ、アフリカ中部でチンパンジーが保有していたサル免疫不全ウイルスがサルの体内で変異し、ホモサピエンスの体内に侵入したとする説が有力だ。現在は、体内のＨＩＶを完全に取り除くという根本的な治療法は開発されていないが、ＨＩＶの増殖を抑える効果のある薬はできている。ただし、その薬を服用していれば全くエイズが発症しないかといえば、そこまでの効果はない。

いっぽう、遺伝的にＨＩＶに感染しないホモサピエンス（の集団）が存在することも知られており、その人たちは、通常の人たちがもっている、「ＣＣＲ５」と呼ばれる遺伝子に突然変異が起こっている。ＣＣＲ５遺伝子は、ホモサピエンスの細胞（白血球）の表面にＣＣＲ５タンパク質をつくり、ＨＩＶは、ホモサピエンスに感染するときＣＣＲ５タンパク質を利用すると考えられている。

ＨＩＶに感染しないホモサピエンスでは、このＣＣＲ５遺伝子が変異し、その変異した遺伝子はＣＣＲ５-Δ32遺伝子と呼ばれている。そしてＣＣＲ５-Δ32遺伝子からつくられるＣＣＲ５-Δ32タンパク質をＨＩＶは利用できず、感染ができないのである。

では、そのＣＣＲ５-Δ32遺伝子はいつごろできたのか。そして、現在、その人たちは数が増えているのか、と読者の皆さんは思われるかもしれない。

でも話はそれほど単純ではない。

まずＣＣＲ５-Δ32遺伝子ができた時期であるが、遺伝子の解析によって、今から三〇〇〇年から一〇〇〇年前だと考えられている。ただし、ＣＣＲ５-Δ32遺伝子は、当時、ＨＩＶが流行しているところで現れ、その地域で自然選択を通して広がったわけではない。ＨＩＶではなく天然痘が流行しており、（ＣＣＲ５-Δ32タンパク質は、天然痘ウイルスにも防御効果があった！ので）天然痘の感染・流行の中で自然選択されて残ってきたという説が有力である。ヨーロッパのいくつかの地域で起こったことだ。

その後、ワクチンの開発などによって、天然痘も勢いを減じ、それに伴ってＣＣＲ５-Δ32遺伝子の自然選択による拡大も止まった。そして、一〇〇年前ごろのＨＩＶの出現だ。近年のＨＩＶによる死亡者数は（治療も行われたうえで）年間六五万人と報告されているので、ＨＩＶ出現時からの死亡者数は数億人だろうか。その中で、ＣＣＲ５-Δ32遺伝子保有者の集団は、ある程度の自然選択によって、その数は不明だがある程度、増加したはずだ。ＨＩＶへの耐性という形質により、自然選択によって増加したホモサピエンスの人数は不明だ。今後、ＣＣＲ５-Δ32遺伝子保有者が増えていくかどうかは、ＨＩＶの治療技術の進歩にもよるが、現在の治療でもかなり発症を抑えることができているため、世界全体で考えたとき、ＣＣＲ５-Δ32遺伝子保有者の死亡率が、非保有者の死亡率よりずっと低くなり、保有者の割合が増えていく可能性は低いのではないだろうか。つまりホモサピエンス全体としての、ＨＩＶ耐性形質保有者への進化は起こらないということだ。

ちなみに、遺伝子治療技術も進歩してきた現在なら、ＨＩＶの予防として、ＣＣＲ５-Δ32遺伝子を使えばよいのではないか、と思われる方もおられるかもしれない（例えばＨＩＶに感染している母親が妊娠したとき、受精卵のゲノムにCCR5-Δ32遺伝子を組み込むとか）。しかし、少なくとも、現代の医療技術では、そこまでの遺伝子の利用は難しい。というのも、ＣＣＲ５-Δ32遺伝子をゲノムのどこに組み込むのか、正確な制御はできないし、遺伝子同士の作用の実態は、今まで考えられていたより複雑で、ＣＣＲ５-Δ

32遺伝子をもっていない個体への導入によって、他の遺伝子の挙動がどう変化するか、十分な予測ができないのだ。

「良い悪い」とは無関係

本章の前半で、「ヒトは現在も進化しているのか」に対する答えとして「（諸般の理由で起きにくくなってはいるが）もちろん、進化は起こっている」、と書いたが、確かにここまで書いてきたような出来事は、さまざまな遺伝子に関連して起こっていると言ってもいいだろう。ただしその進化は、おそらく質問された方がイメージされているようなものではないかもしれない。われわれが気づかないような（小さな）、遺伝子の変化に伴う形質の変化（進化）が起こっているということだろう。

そもそも進化という現象が、こういった偶然の環境変化などにも影響されながら、直線的ではなく、紆余曲折を経ながらの変化だということもあるだろうし、もう一つは、明らかに、ホモサピエンスの特殊性も関係している。治療・医療（技術）の開発や衣食住の充実、避妊などである。「諸般の理由で起きにくくなってはいるが」というのはそういうことである。

治療・医療（技術）の開発がなければ、天然痘やＨＩＶはもっと拡大し、ＣＣＲ５－Δ32遺伝子をもった個体は、もっと増えていただろう。

そうそう、質問の中に「歯医者さんに歯が少なくなってきていると聞いたことがあります」という話があげられていた。その真偽はわからないが、それはあっても不思議ではないだろう。ホモサピエンスの歯数は、親知らずを入れると三二本とされているが、仮に、この本数が遺伝子によって決まっており、遺伝子の変異で三〇本になったとしても、現代社会では淘汰される（現れてもやがて消えていく）ことは、多分、ないだろう。なぜなら、現代社会では、多様な、調理された食べ物があり、「三二本の個体のほうが口内で食物をより柔らかくすることができ、その後の消化吸収が効率よく行われ、生存・繁殖に有利になる」（三〇本の個体は生存・繁殖に不利になる）ということにはならないと思われるからだ。

最後に申し上げておきたいのだが、「パソコンの進化」とか「格闘技の進化」といった使い方の場合の「進化」は、良い方向への変化を指すことがほとんどだが、生物における「進化」というのは、あくまで〝ある〟生息環境において生存・繁殖が、それまでよりうまくいくようになること、ただそれだけであり、良いとか悪いとかといった価値観のようなものとは、全く無関係である。
「進化の正体」と、「現代社会において進化は起こっているか？」。わかっていただけた
だろうか。

7

寄生虫はどのようにして人間を操るか。
そして遺伝子とは？

Q　最近、体内の寄生虫が人の性格を変えたり、行動を操作したり、といった話を聞くのですが、そんな事は本当にあるのでしょうか。

A　この問題は、最近、注目を浴びはじめた「寄生虫による、ヒトも含めた動物の操作」という大きなテーマだ。これまでは、密かに（あまりにも突飛で、笑いものにされるのを恐れて）、実験データを集めてきた研究者たちが、いよいよ、生物をめぐる重要な現象として、声を上げてきたのだ。

私は本章で、この問題を、ちょっと異なった角度からお話してみようと思う。でも「異なった」とは言っても、本質は同じである。質問の本質に関わる内容である。

では、はじめよう。

読者の方は、カマキリを主とした昆虫の腸内に寄生するハリガネムシという動物をご存知だろうか。類線形動物というグループに分類される、長さが20センチ程度の、文字通り針金のような細長い動物である。

数年前、私のゼミの学生で、卒業研究に、そのハリガネムシについて調べた学生がいた。Nくんである。そしてその次の年、Nくんの研究が面白いと言って、その研究の続きを行った学生がいた。Oくんである。

二人とも、講義や就職活動の合間を縫っての研究だったので、すでに発表されている論文を追試するような内容になったが、それでも二人とも研究の過程で、私が、へーっと思うような面白いことをやってくれた。たとえば、ハラビロカマキリを冷凍し、腹を水平、垂直にスライスし、ハリガネムシがハラビロカマキリの腸内でどんな格好で過ごしているのかを調べた。その結果、ハリガネムシは、カマキリの腹の中で、ゼンマイのように渦巻状になってコンパクトにおさまっていることがわかった。また、腹の中にハリガネムシが入っているときは、カマキリの尻（腹部の末端）を数センチ、水につけてやると、ハリガネムシが肛門から外へ出てくることも発見した。私は、へーっと思った。

カマキリを操るハリガネムシ

さて、そのハリガネムシであるが、その生活史は感動的である（少なくとも、NくんやOくんや私にとっては）。どこからはじめてもよいのだが、まずは、「カマキリの腹から出た」ところから出発しよう。秋のころである。

通常は、ハリガネムシは、カマキリが水中に入ると、それを感じ取って肛門からスルスルと出てくる。そして、この「カマキリが水中に入る」というところが前半の感動場面なのである。というのも、カマキリは体表に空いた穴（気門とよばれる）から空気を取り込んで呼吸をしている。だからそんなカマキリが水中に入ると気門から水が入って呼吸できなくなり、カマキリは死んでしまう。そんなカマキリが自ら、飛んだり歩いたりして、池や小川などに移動して、水中に入るのである。なぜそんなことをするのか。それは、（詳しいメカニズムはまだ解明されていないが）ハリガネムシが出す化学物質が、カマキリの脳に作用して、カマキリが水のほうへ近づくような性質を作り出すと推察されている。この推察は、間接的な証拠からまず間違いないと思われる。

〝水のほう〟というのは、河川敷の草原にいるカマキリにとっては、河川敷を流れる自然水路であったり、河川敷にできた水溜りであったりする。山の裾野の草地にいるカマキリにとっては、沼地であったり小池であったりする。そしてカマキリが水に入り（結果的に入水自殺になる）、尻が水に浸ると肛門からハリガネムシが出てくることになるのである。河川敷や森の水場でよく網を振るう私は、秋や冬に、ハリガネムシに対面することが多い。秋は、たくさんのハリガネムシが互いに絡み合ってかたまりのようになっており、冬には、それぞれがバラバラになって、水底の枯葉などの下でじっとしている。

さて、完全にカマキリの腹から出たハリガネムシは、水中を、体をくねらしながら移動し、同じようにしてその水場に泳ぎだした別なハリガネムシと出合い絡み合う。山の裾野にしても河川敷にしても、そうそう水場は多くない。周辺のカマキリが、おそらく水場からの何らかの刺激を頼りにしてそこへやってきて、入水自殺をするのである。場合によっては、一匹のカマキリから二匹のハリガネムシが出てくることもある。一つの水場にたくさんのハリガネムシが集中することもある。そうなると、かなり大きなハリガネムシの毛糸球ができることになる。

ちなみに私は小さいころ、自宅の庭の池で、太い黒い糸の絡まりを見つけ、つまみあげたことがある。それがカマキリの腹から出てくる、ハリガネムシというものだということはなんとなく知っていた。ゆっくり動く黒い糸が不気味で（指に巻きついてきたらどうしようみたいな恐怖感）、それまでさわることができないでいたのだが、そのときは、つもりにつもった少年の好奇心が勝ったのである。

つまみあげてみると〝糸〟は、その名のとおり針金のように硬く、表面がざらざらしていた。こいつは生き物なのか？　何を食べて生きているのか？　そんな疑問が次々にわいてきたのを憶えている。

さて、互いに絡み合ったハリガネムシはその後、どうするのか。絡み合って、雌雄で交尾をするのだそうだ。そして雌が卵をうむのだ。そしてその卵は？　その卵はふ化して幼虫になり、水中にいるカゲロウの幼虫やトビケラの幼虫に吸い込まれるようにして食べられるのだという。そして、そして、カゲロウの幼虫やトビケラの幼虫は、腹の中にハリガネムシの幼虫（腸の中でシストとよばれる、カプセルに入って休眠した状態になっている）を入れたまま変態して成虫になり、空中へとはばたいていく。

で？

で、次に、カゲロウやトビケラの成虫は、草原や木々の間を飛びまわり……カマキリに食べられるのだ。ということは、……ハリガネムシもカゲロウやトビケラの体の中に入ったままカマキリの腸内に入っていき、……そのようにしてハリガネムシの子どもは、親と同じくめでたく（？）カマキリの体内へ到着することができたわけだ。長いスリリングな旅だ。

ちなみに、NくんやOくんが行なった調査の一部は、ハリガネムシは、どんな種類のカマキリに多く寄生しているかを調べることだった。

文献によれば、それぞれの地域で、カゲロウやトビケラなどをよく捕食する種類のカマキリ、つまり、草や木の比較的上のほうで待ち構えていて餌をとる種類のカマキリにハリガネムシは多く寄生する傾向があるだろうと書かれてあった。

そこで、NくんやOくんは、実際に、大学の構内や周辺の林を歩き、いろいろなカマキリを捕獲し、各々のカマキリが地上からどれくらいの高さのところにいたのかという情報とともに、カマキリの腹の中のハリガネムシの有無を調べていった。そして調査の結果わかったことは、次のようなことであった。

大学の周辺で見つかったカマキリは、オオカマキリ、チョウセンカマキリ、ハラビロカマキリ、コカマキリであったが、四種のうち、地上二メートル以上の高い場所にいることが最も多かったカマキリは、ハラビロカマキリで、次がチョウセンカマキリであった。オオカマキリとコカマキリについては、地面で見つかることが多く、有意な差はなかった。そして、体内にハリガネムシを寄生させた割合が多かった種類の順も、一番がハラビロカマキリ、次がチョウセンカマキリであった。

人間を操るメジナ虫

さて、カマキリを操るハリガネムシの生き方を、「へーそんな動物もいるのか」と、感心したり（そんな人は少数かもしれない）、気味悪がったりしてばかりもいられない。というのも、カマキリを操るハリガネムシのように、人間を操る寄生虫もたくさんいるからである。

中には、ハリガネムシのように、寄生した宿主を、入水自殺にまで至らせないが、〝入水〟まで誘導する寄生虫もいる。その例からはじめよう。

現代でこそその被害は減ってきたが（二〇〇五年のＷＨＯの報告では、世界中で一万七〇〇〇件ほどとされている）、一九八五年には三五〇万件が報告されていたメジナ虫という寄生虫についてである。

メジナ虫は線形類という分類群に属し、成虫の長さは、六〇～一〇〇センチである。

メジナ虫の幼虫は、熱帯地方の池や沼などの水場にいて、ミジンコに食べられることが多い。そして人間がその水場の水を飲み、ミジンコもいっしょに飲み込むと（ミジンコは水の表面にも浮いてくることが多く、人間が手ですくった水の中に紛れ込むこともしばしばあるのだという）、胃や腸内でミジンコは分解されるのだが、メジナ虫の幼虫は分解されることなく生き残る。そして、その後、幼虫は、腸の壁を通って、医学用語では「腹腔」とよばれる内臓同士の間の空間に入り込む。

やがて幼虫は、一年ほどかけて成虫になり、異性を見つけて交尾した後、雌は産卵のために、（宿主である人間の）足の皮下に移動する。そして、皮下に到達した雌は、そこで酸を分泌し組織を溶かすのである。すると人間は、やけどのような痛みを感じ、足を冷たい水につけたくなって水場に向かい、そこで足を浸ける。

雌メジナ虫は、水を感じ取り、酸で溶かしてつくっておいた皮膚の穴から白い液を吐き出すのだが、その液体の中に、何千という幼中が入っている。こうして水中に広がった幼虫は……、そう、ミジンコに食べられ、世代が一回りする。

酸で組織に痛覚をもたらし、その刺激が脳に伝わり、人間に、〝足を水に浸ける〟という行動を起こさせるのであるから、ハリガネムシが、カマキリの脳を操って水に入らせることと本質的には同じことである。メジナ虫は、彼らの繁殖のために人間を操るのである。

ギョウチュウの場合

人間を操る寄生虫の例をもう一つあげよう。

ギョウチュウである。

読者の方の中にも、子どものころ学校で、ギョウチュウ検査をしたり、ギョウチュウを殺す薬を飲んだ経験がおありの方もいるだろう。私もその一人である（だからこれからお話しする、ギョウチュウの人間の操り方が実によく理解できる）。

現在でもギョウチュウはしっかり人間と寄り添って生きており、たとえばアメリカの子どもでは、その約半数の割合でギョウチュウに寄生されているという。

ギョウチュウは人間の大腸の中で栄養を取って成長し、異性と交尾し、卵をもった雌は、夜になると、腸の出口、つまり肛門まで移動し、尻の穴の周辺の皮膚に卵を産みつける。そして、そのとき、皮膚の痛点を刺激してかゆみを感じさせるタンパク質も皮膚にくっつけていくという。

さて、ギョウチュウにそんな悪さをされた人物が朝起きて、最初にすること（厳密に言うと、目を開けることとか、腕を伸ばして起き上がるとかいうことになるかもしれないが……）、それは、まだはっきりしない意識の中で、かゆい尻の穴の周りを掻くことである。

するとギョウチュウの卵は、まず、その人物の爪の裏側に入り、その後、その人物がさわるものに次々と分布を広げていく。「おはよう」と言って、子どもの顔や体にさわるかもしれない。台所のコップにさわるかもしれない。……やがて卵は、高い確率で、家族の方々の小腸の中に入っていくだろう。そして、小腸でふ化し大腸に移って成虫になり、栄養を取って成長し、異性と交尾し、……後はこの繰り返しである。ちなみに、私は、今でも、子どものころ、朝起きて、かゆみを感じて掻いたのを憶えている。そのころ検査の結果は、〝ギョウチュウ：陽性〟であった。

もちろん、この話の中で最も重要な点は、雌のギョウチュウが、宿主の尻の穴の周辺の皮膚に卵とかゆみ物質をつけることである。それによって、人間を操り、卵を爪の裏に移動させることである。

ミトコンドリアの正体

さて、ここまでは、宿主に被害を与える寄生虫のことばかりを話してきたが、宿主の生存・繁殖に利益を与える、あるいは、それがいなければ宿主の生存・繁殖がなりたたないほど重要な寄生虫もたくさんいる。

人間の寄生虫を例にしていくつかお話してみよう。

成人の体内にすみつく寄生虫の数は、人間を形作っている細胞の一〇倍くらい（人間の細胞よりずっと小さい〝細菌〟などの寄生虫がたくさんいるからである）、重さは一・五キロくらいに達すると推察されている。これらの寄生虫の大半は消化器官の中にすんでいるのだが、大腸内のある種の細菌は、人間が食べたものを分解して、そのとき生じるエネルギーの大部分を人間に提供してくれている。また、別の細菌は、有害な細菌から人間のからだを守ってくれている。抗生物質を服用したときお腹の調子が悪くなる場合があるのは、人間を助けてくれる腸内細菌が死んでしまうからだと考えられている。

人間が食べたものを分解してつくるエネルギーは、腸内細菌の場合は、あくまで、〝差し入れ〟あるいは〝おやつ〟程度であるが、ある寄生虫の場合は、いわば〝主食〟をつくってくれている。その寄生虫とはミトコンドリアである。そして、このミトコンドリアが寄生するのは、われわれの消化器官の中ではない。もっともっと深くわれわれの体の中に入り込んでいる。つまり、われわれの体をつくる細胞の中である。

ミトコンドリアと言えば、読者の方は、中学校や高等学校で、細胞を構成する一要素、つまり細胞の一部として習ったことを思い出されるかもしれない。一方、現代の生物学が描き出すミトコンドリアの正体は以下のようなものである。

人間が地球上に現れるずっとずっと前（数十億年前）、まだ単細胞の生物しか存在しなかったとき、ミトコンドリアの祖先（それも単細胞生物だった）は、別な大きな単細胞生物の体内に入り込み（つまり寄生し）、そのまま中にい続けるようになった。そうしてできた、ミトコンドリアを含む単細胞生物から、その後、さまざまな多細胞生物が生まれ、その中の一つが人間だった、というわけである。つまり、現在、われわれ人間の（ほぼ）すべての細胞内に存在するミトコンドリアは、一生涯を細胞の中で過ごす寄生虫なのである。

もちろん、ミトコンドリア（の祖先）が、細胞に寄生しはじめたころから、人間が進化的に誕生するまでの数十億年の間に、ミトコンドリアと宿主の細胞との間でさまざまな変化が起こっている。その結果、ミトコンドリアと宿主とは、互いの生存・繁殖になくてはならない存在になってきた。

たとえば、ミトコンドリアは今でも、宿主の細胞の遺伝子（つまり人間の遺伝子であり、それは細胞の核と呼ばれる場所の中に入っている）とは異なった、ミトコンドリア自身の遺伝子を、自分の中（つまりミトコンドリア自身の中）にもっている。しかし、もともとはミトコンドリアの中にあったと考えられているミトコンドリアの遺伝子の多くを、人間の細胞の核の中の人間の遺伝子の間に移してしまっている。ちなみに、ミトコンドリアは宿主の細胞の中で勝手に細胞分裂をして増殖し、卵子の中に入って宿主（人間）の子どもの細胞へ乗り移っていくのである。

そしてこのミトコンドリアがつくりだすエネルギーが、人間が、動いたり、考えたり、体温を維持したり……といった生命活動を営む主な原動力なのである。その原動力としてのエネルギーは、アデノシン三リン酸（ＡＴＰ）を代表とする分子として、ミトコンドリアが合成してくれている。

遺伝子が行動・感情・思考を決める

さて、ここからは（これまでの話を受けて）、話題は、「人間とは何か」という問題の本質にぐっと入り込んでいきたいと思う。そう、「人間の遺伝子も本質的には、人間を操る寄生虫のようなものである」という話に、である。

そもそも、人間の体の構造や器官の働き、そして脳という器官が作り出す働きとしての〝行動〟や〝感情〟、〝思考のパターンやその限界〟を大枠で決めているのは、遺伝子である。それは、心臓が主に心筋細胞から構成され、右心房に入った血液が左心室から押し出されるといった働きを設計しているのも大本をたどれば遺伝子であるのと同じことである。神経細胞から構成され、小脳、中脳、間脳、大脳における神経の配線やそれに規定されて生み出される〝行動〟や〝感情〟、〝思考〟といった働きを設計しているのも大本をたどれば遺伝子である。もちろん〝行動〟や〝感情〟、〝思考〟の細部には必ず学習が関与している。しかし、その大枠を決めているのは遺伝子である。人間の脳の構造や働きと、たとえば私が研究の対象にしている、夜の世界で飛翔する多くの昆虫を認知し捕える神経回路をもつ、ユビナガコウモリの脳の構造や働きが異なるのはなぜかを考えてみればよいと思う。

もちろん、ハリガネムシやメジナ虫、ギョウチュウの体や、その行動を生み出す神経構造を大枠で決めているのも、それぞれの生物の中に存在する遺伝子である。

ちなみに、遺伝子の実体はＤＮＡ（デオキシリボ核酸）と呼ばれるありふれた物質である。そして、ＤＮＡの構成要素である塩基（アデニン、チミン、グアニン、シトシンという四種類が存在する）がＤＮＡの中で列になって並んでいるのであるが、塩基三つの並び

（たとえばアデニン・チミン・アデニンといったような）が一つのアミノ酸の暗号になっていることが二〇世紀の後半になって明らかになった。

遺伝子というのは、ＤＮＡの中の、〝ある場所からある場所までの塩基の配列〟と考えてもよい。たとえば、その〝ある場所からある場所までの塩基の配列〟が、三〇〇〇個の塩基のつながりだとしたら、その〝ある場所からある場所までの塩基の配列〟からは、アミノ酸が一〇〇〇個つながりあったタンパク質が作られることになる。もし、そのタンパク質が、血液型をＢ型にするタンパク質だったとすると（実際、血液型を決めるのは赤血球の表面に突き出しているタンパク質の種類である）、その〝ある場所からある場所までの塩基の配列〟は、〝血液型をＢ型にする遺伝子〟と呼ばれることになる。

遺伝子が生き残るためには

ここで、われわれの親のその親のまたその親の……といった具合に、ずっとずっと遡ってみよう。生命体は、三〇億年とも言われる生命の歴史の中で、どこかで急に現れることはなく、必ず親から生み出されているはずである（最初に誕生した生命体以外は）。

生命体はすべて、親から遺伝子を受け継ぐ。いま仮に、数十億年遡って、やがて人間の遺伝子になる一つの遺伝子に出会ったとすると、多分、その遺伝子は、単細胞生物の中にあるだろう。つまり、その遺伝子は（他のたくさんの遺伝子とつながって）、細胞の膜や内容物などの設計図となり、自分たちの、いわば乗り物としての細胞をつくり、その中に存在しているだろう、というわけである。場所は、そのころ地球全体を覆っていた、原始の海の中である。

遺伝子は、細胞が分裂するために必要な酵素（タンパク質）の設計図も備えており、細胞の分裂の前には、自分（遺伝子）自身も複製して増え、分裂した細胞に入っていった。つまり、乗り物としての細胞をつくり、それを運転して、自分（遺伝子）自身を増やしていたのである（付け加えておくと、細胞に入っていたそれらの遺伝子たちをさらに数十億年遡ると、その祖先に当たる遺伝子たちは、細胞に包まれることなく、むき出しの状態で、原始の海の中を漂っていたと考えられている）。

もちろん、遺伝子もけっして楽ではない。自分たちがつくった乗り物が、うまく餌の獲得や増殖をやってくれるものでなければ自分も増えることができなくなる。あるいは、他の遺伝子たちがつくった別の乗り物との競争に負ければ、やがては、乗り物もろとも絶滅してしまうだろう。

「他の遺伝子たちがつくった別の乗り物との競争」とは、たとえば、次のようなものである。

分裂する（つまり増殖する）ために新しい細胞をつくるときに必要になる材料（主にアミノ酸）は、周囲に無限にあったわけではないだろう。原始の海にただよう材料を、やはり細胞をつくろうとする他の遺伝子たちと取り合わなければならないのである。その〝材料の取り合い〟が上手い細胞を設計した遺伝子たちは、細胞の分裂とともにより多く増えていけるだろうし、〝材料の取り合い〟で劣る細胞を設計した遺伝子たちは増えることができず、やがて寿命がきてほろんだかもしれない。そして、その細胞の〝材料の取り合い〟の能力を決めるのは、遺伝子、つまり、塩基の配列の内容である。塩基の配列が異なれば（つまり遺伝子が異なれば）、できてくるタンパク質が異なり、それが、乗り物である細胞の細部に違いをもたらし、〝材料の取り合い〟の能力に差をもたらすのである。

場合によっては、ある遺伝子たちは、他の遺伝子たちがつくった細胞を分解する酵素のような物質をつくり、他の遺伝子の乗り物である細胞を分解したかもしれない。そうすると、細胞の材料ができ、それを使って自分たちの乗り物（細胞）をつくることができるのである。

遺伝子も寄生虫のようなものである

その後、遺伝子は、数十億年の間に、内部の塩基配列が変化して設計図の内容が変わり、多細胞生物をも作りだした。そのような〝遺伝子の変化〟（塩基配列の変化）により生じたさまざまな生物の設計図の一つが人間の遺伝子だというわけである。

では、数十億年の間の〝遺伝子の変化〟を引き起こしたのは何だったのか。それは、太陽光に含まれる紫外線による塩基への作用（その場所から塩基を弾き飛ばす等）であったり、塩基に類似した分子（それが塩基の場所に入り込んで塩基配列を変える）であったりするのだが、その他にも、近年になって、「ウイルスなどによる、別の生物の遺伝子の入り込み」が知られてきた。つまり、たとえば、ある動物に感染する（一種の寄生である）ウイルスの場合、その感染によってウイルスの遺伝子が、その動物の遺伝子に入り込み、それまでのその動物の遺伝子に、新たな塩基配列を付け加えるのである。

そして、このようにして塩基配列が変化した遺伝子が、もしそれが、その動物（という遺伝子の乗り物）の餌取りや繁殖などに有利な形質をもたらすことになれば、動物の繁殖とともに、子どもという新しい乗り物の中に入って増えていくだろう。

先にミトコンドリアのお話をしたが、ミトコンドリアは、ウイルスではないが、動物に寄生して、細胞の中で、その動物が使えるエネルギーをたくさん、効率的につくってくれるという点で、まさに、寄生した動物の餌取りや繁殖などに有利な形質をもたらしている事例なのである。さらに、ミトコンドリアの例は、寄生生物であるミトコンドリアの遺伝子（の一部）が、寄生主である動物の遺伝子の中に、入り込んでいる、まさにその途中の場面を見せてくれているのである。

生命が誕生してから、その末裔としての人間という動物が地球上に誕生するまでの数十億年の間、人間の祖先にあたる動物には、ミトコンドリアのような生物やウイルスのような生物など、さまざまな生物が、寄生虫として遺伝子を付け加えてきたことだろう。そして、もし付け加えられたことによって、動物に、生存や繁殖に有利な変化がもたらされた場合（多くの場合、形態にも何らかの変化が現れただろう）、その動物は生き残っていったろう（不利な変化がもたらされた場合は、その動物は滅んでいっただろう）。それが、自然淘汰による進化である。

だとすると、次のような言い方はできないだろうか。

「人間の遺伝子も本質的には、人間を操る寄生虫のようなものである」

つまり、人間の遺伝子の多くは、他の生物が寄生したときに入ってきた遺伝子の末裔である。その遺伝子たちは、設計図としてタンパク質をつくり、それによって人間という乗り物をつくり、さらにそれをうまく操り、最後は、子どもという新しい乗り物をつくらせそれに移って増えていく……というわけである。

たとえば、「人間に恋愛感情を生じさせる脳の神経配線を設計する遺伝子」について考えてみよう。恋愛というのは、人間の男女が、異性に対して、番（つがい）のパートナーとしての魅力を強く感じる現象をいう。なぜそのような感情が生じるのかは、脳の構造、働きに原因を求めるのが合理的であろう。つまり、魅力的な形質（容姿や性格など）を感受した脳のある領域が、その個体に対して「番のパートナーとしての魅力」の感情を発生させるのである。

そういう認知や感情の発生を担う神経回路を設計する遺伝子（この遺伝子はまだ特定はされていないが、確実に存在するはずだ。でなければ、地球上の殆どの人間が、人生のいくつかの時期にいくつかの場面で恋愛感情を抱く、という事実は説明できない）は、人間という乗り物が、番をつくり、子どもを残すことを促進し、その子どもに、精子や卵子を媒介にして、移っていく。

まさに「人間という乗り物をつくり、それをうまく操り、最後は、子どもという新しい乗り物をつくらせそれに移って増えていく……」というわけである。

鉄分を過剰に吸収させる遺伝子

ところで、話をもっと突き詰めていくと、実は、「人間という乗り物の遺伝子は、人間の生存や繁殖に不利になると思えるようなメジナ虫やギョウチュウの遺伝子とも、本質的には同じである」ことに気づいてくるのである。人間という乗り物を操る時期や期間の長さ、あるいは、人間という乗り物から脱出する時期や方法にこそ差はあれ、どちらも（人間という乗り物の遺伝子も、メジナ虫やギョウチュウの遺伝子も）、結局、人間という乗り物を操って、自分（遺伝子）を増やすのであるから。

メジナ虫やギョウチュウの遺伝子が人間に寄生して、組織を溶かす酸（メジナ虫の遺伝子の場合）やかゆみを感じさせるタンパク質（ギョウチュウの遺伝子の場合）をつくらせ、子ども（その中に自分たち、つまり遺伝子たちのコピーが入っている）が拡散しやすいように人間に行動させる。これは先に述べたとおりである。

一方、人間の遺伝子の場合はどうだろうか。

たとえば、人間にヘモクロマトーシスという、一種の病気を引き起こす遺伝子を考えてみよう。

この遺伝子は、世界中の人間の一〇％以上がもっていると考えられている〝人間の遺伝子〟である。

ヘモクロマトーシスという病気は、個体に、鉄分の過剰な吸収をさせ、その結果、沈着した鉄分が肝臓や心臓などの機能を低下させる。そして、個体を中年期まで生きさせ、その後、死亡させることが多いという。

ではなぜ、このような遺伝子が人間の遺伝子として存在しているのだろうか。それに対する有力な理由は以下のようなものである。

ヘモクロマトーシスを引き起こす遺伝子による「肝臓や心臓などの機能低下」という作用が発現するのは、個体が繁殖期を迎えてから大分経過した後（中年期）だから。つまり、ヘモクロマトーシスの遺伝子は、個体が死亡する前に、その個体から脱出して新しい個体（子ども）へ移るからである。親という個体から子どもという個体へと移っていくヘモクロマトーシスの遺伝子は滅びることはないのである。

もう少し推察を深めよう。

ヘモクロマトーシスの遺伝子は、「肝臓や心臓などの機能低下」という作用のほかに、人類の長い歴史の中で、個体を苦しめてきた鉄分の不足やさまざまな伝染病に対して、個体を守る作用も併せ持ってきたためではないだろうか（実際、そのような効果は医学的に確認されている）。

人間にとって鉄は、体内の代謝機能に欠かせない物質である。酸素を運ぶヘモグロビンにも、体内の毒を中和したり糖をエネルギーに変えたりする酵素にも鉄は含まれる。女性の場合は月経時に、血液とともに大量の鉄を失う。

ところが、一方で、人類が生き抜いてきた環境の中では、しばしば鉄分は欠乏する要素であったらしく、現在でも鉄の摂取が少なくて貧血症になる人は少なくない。

従って、少なくとも、個体が繁殖期まで健康に成長するまでの間には、ヘモクロマトーシスの遺伝子によって鉄が必要以上に過剰に体に蓄積することはなく、むしろ体内に必要な範囲内で取り込みが促進される。ところが、繁殖期のピークを過ぎて中年頃までになると、蓄積した鉄分が「肝臓や心臓などの機能低下」といった作用をおよぼすような量に達してしまう。

もしこの推察が正しいとすれば、一〇％以上の人間の中に存在し続けるヘモクロマトーシスの遺伝子は、人間という乗り物を利用し、その乗り物（宿主）が老化して滅びる前に卵子や精子の中に入って脱出するわけであり、メジナ虫の遺伝子と本質的には変わりない。

メジナ虫の遺伝子は、人間の足の組織を溶かす物質をつくって足に穴をあけ、人間がその痛さゆえに水中に足をつけたとき、幼虫の体の中に入って脱出する。両者は、時期とやり方こそ違え、ある期間、人間を操って、人間から脱出して自分のコピーを増やしているのである。もちろん「人間に恋愛感情を生じさせる脳の神経配線を設計する遺伝子」もそうである。

さて、このように考えると、日常的にわれわれが感じている、個体としての〝自分〟

が、かなり違った存在として思えてくるのではないだろうか。

私は、このような「人間の遺伝子も本質的には、人間を操る寄生虫のようなものである」という、より真実に近い見方は、われわれが遺伝子の裏をかいて、個体としての〝自分〟をより幸せにする可能性を秘めていると思っている。

8

ヒトにとって「音楽」とは何なのか？

Q1　「音楽」とは何でしょう？　人は音の高低とリズム、時には歌詞などをあわせて楽しんでいます。言葉と違い、特に生きるのに必要ではない気がします。

Q2　音楽を鑑賞する能力はなにから進化したのか？　言語能力とは一見関係ないようだが、本当にそうなのか？　他の動物には音楽は意味を持たないのか？　自然界に和音が存在しない中で、なぜ和音を良きものと感じるように進化できたのか？

A　「音楽」については、ホモサピエンスを研究対象にする、動物行動学者はもちろん、人類学者も心理学者も認知科学者も、大いなる関心を示してきた。

ここでは、質問の中にあった「歌詞」は伴わない音楽について考えたい。

動物行動学の視点からは、音楽という、少なくともヒトの行為の正体を考えるとき、やはり、次のような問いを発することになる。

「発声や、何かを叩いたり吹いたりして音楽を生み出すこと、また、そうやって生み出された音楽を鑑賞することは、ホモサピエンスの生存・繁殖にとってどんな利益があるのか」

ダンバー数

現在、この問いに対して最もよく知られている、そして説得力のある説は、イギリスの人類学者であり進化心理学者でもあるロビン・ダンバーが提唱する次のような内容である。

ホモサピエンスは森の外側に広がる草原や疎林といった、捕食獣などの危険に満ちた地域を主要な活動場所として、そのような環境に適応して生きてきた霊長類である。そんなホモサピエンスにとって非常に重要であり、ホモサピエンスの繁栄を支える力になった特性の一つは、何と言っても、「群れ内の個体間の協力」である。

ダンバーは、多くの霊長類の大脳皮質の解剖学的特性とそれぞれの種がつくる群れの規模を比較し、ホモサピエンスの、個体同士が互いに知り合い、関係を維持できる上限の群れの人数を約一五〇と考えた。群れが維持されるためには、大脳皮質内の神経ネットワークが発達し、他個体の識別や記憶が可能でなければならないというわけだ。そのうえでダンバーはこの一五〇人が具体的に、どのようにして相互の繋がりを保ってきたか様々な角度から考察した。ちなみに、この〝一五〇〟はダンバー数と呼ばれ、新石器時代の一つの村の推定人数や、アーミッシュ（ドイツ系移民の宗教集団）の一つの共同体の人数、また一六世紀以降から現代までのまとまって動く正規軍の基本的な単位などが一五〇であるといった傍証が多く見つかり、〃一五〇〃の妥当性が認められている。もちろん異論もあるが。

大抵の霊長類では、群れ内の個体同士の繋がりは、主に毛づくろいによって維持されていると考えられているが、一五〇個体となると、直接、体に触れる毛づくろいでは、あまりにも時間とエネルギーが割かれ、各個体の生存・繁殖に負の影響を与えることになる。そこで、ダンバーが考えた〃群れ内の個体同士の繋がり〃を保つ方法が、「皆でそろって〃音楽〃を表出し、その音楽に合わせて、そろって発声したり踊ったりする」ことである。生理学的な研究では、われわれは、リズムに合わせて発声したり踊ったりするとき、脳内では、エンドルフィンなどの「快」を感じさせる物質が放出され、それが集団で行われると、個々人のエンドルフィンの放出量はさらに増大することも知られている。

ダンバーは、音楽は、ホモサピエンスそれぞれの個体の生存・繁殖に有利な約一五〇人の集団を、互いに〃顔見知り〃状態で維持する働きを担って生まれた（つまり、現代の脳内分析によって明らかになっている、音楽のリズムや高低や和音を認識する神経回路が遺伝子の変異によって生まれた）のではないかと推察したのだ。

読者の皆さんも、音楽のリズムに合わせて体を動かすときの快さを感じることがあるのではないだろうか。そして、他の多くの人と一緒に行ったときの大きな快さを感じた方もおられるかもしれない。

リズムとエンドルフィン

ここでは長ーーくなるので述べないが、この説は、われわれホモサピエンスに関する他のさまざまな特性にも考慮されたとても説得力のある内容である。ただし、この説を聞いたとき私には一つ、素朴な疑問が残り、それがずっと気になっていた。その疑問というのは「リズムを感じたり、それに合わせて踊ったりしたとき、なぜ、快感化学物質エンドルフィンが放出されるのか」というものだった。

さて、その私が感じた疑問にも関連して、ここから、さらに重要な内容になるので、よく聞いていただきたい。

なぜ「さらに重要」になるのか？……それは、ここから私の仮説が述べられるからだ。

私は、拙著「ヒトはなぜ拍手をするのか」（新潮社）の中で、「なぜヒトには、リズム感があるのか？」と題して次のように推察した。

ヒトも他の動物も、外界の空間や時間の状態を把握しておくことは、生存・繁殖にとって非常に大切なことである。たとえば食料がある場所や捕食者が潜んでいる可能性が高い場所、前方から走ってくる捕食したい動物が自分の前を通り過ぎるタイミングを把握し予測することなどを想像してみればよい。

外界の空間や時間の状態の把握についてヒトの脳が採用している戦略の一つは、空間についても時間についても、ある長さの〝単位〟を想定し、知りたい対象の長さを、その〝単位〟の何倍かを脳内で分析して、割り出す、というものである。

リズムとは、その〝単位〟を想定し、その何倍かを分析する過程、ととらえることができる。

時間のリズムの場合、現代の生活の中では、次のような一場面を想像してみていただきたい。

車が行き交う道路の、信号機がないところを、あなたは、道路の向こう側へと横断しようとしている。そんなとき、あなたは、脳の中でリズムを刻みながら、行き交う車の動きを把握し、リズムのどのタイミングで飛びだすかを決めている。そう思われないだろうか。「一（いーち）、二（にー）、三（さーん）」っと。

それに呼応して、自分自身の体の各部（脚、腕、頭部……など）の動きのタイミングを合わせるときにもリズムを使う。「一（いーち）、二（にー）、三（さーん）」っと。

このように、リズムは時間、空間を把握するときの単位なのであるが、対象自体がリズムをもっている場合には、なおさら把握しやすい。

ちなみに、われわれが外界の事物事象を把握するとき、それを当てはめて、その助けを借りて対象の把握を試みるものは「リズム」だけではない。「バランス」もそうだし「対称性」もそうだ。そして「因果関係」も。

行為の美

このようにして対象が上手く把握できたとき「快」を感じるのは、対象把握の成功が生存・繁殖に有利になるからだ。生存・繁殖に有利になることを達成したとき（喉が渇いた時の飲水、組織の中での昇進……）脳内にはエンドルフィンが出され「快」を感じ、その行いのさらなる継続を促されるのだ（そういった脳の神経構造を有している個体が、進化の産物として生き残っている）。そして、その「快」が「美しさ」の正体だ。

外界の、一見、複雑で把握が難解に思える大規模な対象の背後に、その把握を大いに助ける原理、法則を見出したとき、ヒトは「美しい」と感じ「快」を感じる。たとえば、〝世界一美しい数式〟の代表であるアインシュタインの「$E = mc^2$」（質量mの物質は、mにc〝光速〟の二乗を掛け合わせたエネルギーと等しい）がそれだ。

われわれの脳は、把握に大成功した対象に、そして、成功した対象の助けになった「物差し」に対して「美しさ」と「快」を感じるようにプログラムされていると言ってもいいだろう。繰り返しになるが、そのほうが、外界把握は向上し、生存・繁殖の成功度も向上するのだ。

和音は、音程の低いほうからA、B、Cとすると、AB間の波長の差の値とBC間の波長の差の値が同じだから把握しやすい。美しいメロディーは、音の変化の仕方に秩序があり、把握しやすく記憶にも残りやすい。だから快を感じる。

少しくどくなるが、このようにして把握に大成功した対象が、把握の成功以外の、さらなる生存・繁殖の有利さに結び付く情報であった場合、快の程度は増すと考えられる。たとえば、左右が、より対称である（ヒトの）顔は、（ヒトから見て）より美しいと感じられることが学術的な実験によって明らかにされているが、それが、もし、男性にとって、健康である（つまり子供を安全に、より多く出産し育てる可能性が高い）ことを示す要素を備えている女性の顔であれば、美しさや快を感じる度合いが高いのではないだろうか。

また行動が、ある原理に従って一貫して行われるとき、それを見たヒトは、そこに「行為の美」と呼ばれるものを感じる。あの人物の行動には一貫性がある、行為の根底に信念がある、というわけだ。そして、その行為が他人を助けるものであれば、その〝他人〟が自分である可能性もあるわけであり、つまり、自分が助けられる可能性もあるわけで、「行為の美」の度合いはより増すのである。

動物にとっての音楽

ところで、話がくどくなったついでに、ここで、質問の中にもあった、ヒト以外の動物が音楽を心地よいと感じることがあるのかどうか少し考察してみよう。

外界把握は当然、ヒト以外の動物にとっても生存・繁殖に有利であり、多くの動物が、外界の事物事象の把握に、ヒトと同様な「物差し」（リズム、対称性、バランス、秩序など）を用いていることは、私の仮説から示唆される。実際、それを示す研究報告も存在する。

カツラザルやカラスを対象に、一〇センチ四方の二枚の厚紙の一方には、「等間隔の縦縞」や「左右上下対象の円」を描き、他方の厚紙には、「幅が無秩序に異なった縦縞」や「無秩序に歪んだ円」を描き、また〝秩序〟縦縞と〝無秩序〟縦縞をセットで、また、〝秩序〟円と〝無秩序〟円をセットで並べて提示し、彼らの反応を調べる実験が行われた。その結果、カツラザルもカラスも、〝無秩序〟縦縞よりも〝秩序〟縦縞のほうに、〝無秩序〟円よりも〝秩序〟円のほうに、近づいたり、近づいて触ったりつついたりすることが明らかに多いことがわかった。ちなみに、私は、同様な結果を、キュウカンチョウで得ている。

音の秩序についても同様である。

チンパンジーやイヌが、リズムのある音を好み、リズムに合わせて体を動かすことが、また、ごく最近では、ラット（実験用に飼いならされたドブネズミとクマネズミ）も、ビートに合わせて体を動かすことが確認された。

これらの事実も、「リズム（対称性、バランス、秩序なども）が時間的、空間的な『物差し』として外界認知をサポートし、対象の中にリズムを見出したとき、つまり外界把握に成功したとき、生存・繁殖に有利な行為を行ったときに常に伴う、快を感じる」という私の仮説を支持している。ヒト以外の多くの動物でも、外界把握の成功が生存・繁殖に有利であることは確実であり、彼らもリズムをそのために利用していることを示唆しているからである。

以上が、先にあげた「リズムを感じたり、それに合わせて踊ったりしたとき、なぜ、快感化学物質エンドルフィンが放出されるのか」という疑問に対する私の仮説的答えである。

ヒトの、このような生理的な特性をもとに、ダンバーの説「われわれは、リズムに合わせて発声したり踊ったりするとき、脳内では、エンドルフィンなどの快を感じさせる物質が放出され、音楽は、ホモサピエンスの、約一五〇人の集団を、互いに〝顔見知り〟状態で維持する働きを担う」へと進んでいったのではないだろうか（チンパンジーでは、ダンバー説までの進化は起こっていないということだ）。

外界についての様々な情報

では、ここまでお話しした上で、改めて、ご質問があった「ヒトにとって音楽は何でしょう？」に向き合ってみたい。

ヒトにとっての音楽の正体は、「外界認知のための物差しとして、それがうまく働いたときは快を感じさせ、それを基盤に、個々のホモサピエンスが有利になる、約一五〇人の集団を、互いに〝顔見知り〟状態で維持するもの」というのが、ここまで述べてきた話である。

以下では、この一つの「正体」以外に、動物行動学の視点から考えられる、いくつかの付随的な「正体」についてお話したい。

音は外界について様々な情報を脳に与えることができる。脳はそのように進化している。例えば、それが見えていなくても、音程の低い「ドンッ」という音がすれば、その音の細かい特性も加味して「大きくて重いものが、他の大きな、あまり硬くないものに当たった」と推察する。ガサガサとかゴーといった低い音がだんだん大きくなってくると「物体が周囲の物を蹴散らしながら自分に近づいてきている」と推察する。「カンカンカン」という音が続き、音と音の間隔がだんだん短く音量も小さくなり、やがて音が止んだら、「硬いものの上で硬いものがバウンドしながら移動し、やがて動かなくなった」と推察する。

同種（ヒト）の声についても、「キャーッ」という、高くて大きな声が聞こえたら、

「誰かが危険を感じる事態が発生した」と推察する。小さく低音の声が、更にだんだんと音程を下げながらゆっくりと変化していったら「当人が沈んだ気持ちになっている」と推察する。

これらの推察が、事態の状況をどれほど正確に言い当てているかわからないが、少なくとも音がないときよりずっと真実に近い推察を可能にし、それを聞いて自分がどう行動したら、自分の生存・繁殖に有利になるかについての有益な情報になる。

音楽は、こういった、音の状態を分析して推察する脳内回路（生後、間もない赤ん坊でも、低い音がだんだん大きくなってくるのを聞いたり、ヒトの大きな怒鳴り声を聞いたりすると泣き出す場合があることも知られている）を、逆手に取って他個体をうまく動かし、曲の中で、音の変化によって大きな物体の接近を感じさせ恐怖心を沸き立たせたり、優位者の威厳を効果的に演出したり、異性に特有な音刺激で相手の心を揺さぶったり、さまざまな喜怒哀楽の感情を喚起して聞く側の心理を操ったりすることができる。

私の今回の答えは以上だが、質問をしてくださった方、いかがだろうか。これからは、以上のような内容も頭の片隅において、音楽を聞いてみていただきたい。音楽を奏でてみていただきたい。

9

赤ん坊の黄昏泣きはなぜ起きるのか？

Q　赤ん坊の黄昏泣きはなぜ起きるのか？　大人でも夕暮れ時は寂しくなったりするのはなぜ？

A　これもまた、動物行動学の視点から、かなり自信をもった仮説をお返しできると思う。ちなみに、驚いたことに、私が調べた限りでは、「赤ん坊の黄昏泣きが起こる意味（つまり、黄昏泣きが、われわれホモサピエンスにどんな利益をもたらしているのか）はわからない」という所見だらけだった。正直、繰り返すが、ちょっと驚いた。

まずは、突然で恐縮だが、私が、ニホンザルたちと心が通じ合ったような気持ちになった、忘れられない体験からお話しよう。その話を聞かれれば、もうそれで、すでに、「（赤ん坊の黄昏泣きがなぜ起こるのか）わかった！」と思われる読者の方も出てくるに違いない。

サルの群れについていくと……

その時、私は大学生（一年生か二年生）だった。動物行動学という学問に出会い、いっぽうでその理論を学ぶことに夢中になり、他方で、実際の動物の観察や（自己流の）

実験に取り組んだ。シマリスを飼ったり、野山に出かけてトカゲや昆虫などの動物を観察したり……。

そんな中で、岡山県真庭市の「神庭の滝自然公園」という、野生のニホンザルが餌付けされている場所に何度も足を運んだ。

その日は平日で、自然公園に着いたのが昼過ぎだったと思う。〝来園〟者は私だけだった。

私は、群れを構成する一〇〇頭のうち、個体識別ができていたサルたちについて、毛づくろいをしあう個体の組み合わせなどを記録していたのだが、やがて、夕暮れが近づいてきたからだろう、サルたちが、えさ場から去りはじめたのだ。おそらくねぐらにむかって帰りはじめたのだろう。

その時だ。私は、なにを思ったのかは覚えていないが、サルたちについて行ってみたくなったのだ。

そして一番後ろのサルの後について、一定の距離を保って、少々きつい斜面を登りはじめた。

だんだんとあたりの風景から明るさが減っていく中、最後のサルの姿を見失わないように、がんばってついていった。

するとだ。前方から、サルの鳴き声が聞こえてきたのだ。

「ホーッ、ホーッ」という声だった。

へーっと思っていると、今度は直ぐ近くでえっと思うようなことが起こった。最後尾のほうの個体がその声に答えるかのように、「ホーッ、ホーッ」と鳴き返したのだ。

「大丈夫か？」「大丈夫だよ」みたいな呼びかけ、応答のように感じられた。なにやら、群れが、互いに他個体のことを心配し合いながら「ねぐら」にもどっていく一まとまりの集団のように感じられたのだ。

すると、なにやら私も群れの一員であるかのような気分になってきて……、私も鳴いてみたくなった。そして、鳴いてみた。「ホーッ」と。

そしたら、なんと前方を行く個体から返事がきたのだ。何回鳴いても、そのたびに前方から返事があった。とても不思議な気分になった。

あたりはだんだんと暗さが濃くなっていく。そう、黄昏（！）だ。

それとともに、なにやら心細くなっていく私にとって、私の声に応えてくれるサルの鳴き声はうれしく、みんな一緒に頑張ろうみたいな気分が増してくるようだった。

それから？

それから、さすがに私は群れから抜けなければならなかった。あるところから、私はついていくのを止め、ザックからライトを出して、その光を頼りに山を下りていった。

心細くはあったが、サルたちに、群れの一員として認められたような気がして、また、科学的に、これまで知られてこなかったニホンザルたちの世界についての発見をしたようで、元気に下りていったのだ。

おそらくニホンザルたちも、視覚情報が減っていく夕暮れの中で、心細い気分を感じつつ、互いに声を掛け合ってねぐらへと向かい、ねぐらでは互いに身を寄り添わせて一夜を過ごすのだろうと想像された。

一人で山を下る私には、それが自然な流れのように感じられたのだ。

昼行性で、群れをつくる動物にとって、夜は危険が大きい。捕食者は夜を狙って攻撃することが多い。だから群れで行動する動物たちは、夜を、皆で身を寄せ合うようにして、何かあれば、直ぐ、皆が気づいて警戒できるようにして過ごすのだと思う。

生存・繁殖に有利なことだ。

われわれホモサピエンスもそうだ。特に、本来の環境である「自然の中での狩猟採集の生活」においては。

暗くなり始めたころに

さて、では暗くなり始めたころ、互いに寄り添うような行動をとりたくなるようにするためには、脳の特性はどうだったらいいだろうか。

そう、心細い、もの悲しいちょっと不安な感情を発生させればよいのだ。

特に、自分を守る力が弱い赤ん坊は、危険な夜は、一層、誰かに寄り添っていてもらう必要がある。赤ん坊の脳は不安感を引き起こし、時には、不安が強くなりすぎて、泣く、のである。

「赤ん坊の黄昏泣きはなぜ起きるのか？　大人でも夕暮れ時は寂しくなったりするのはなぜ？」……私の仮説、どうお思いになっただろうか。

最後にまとめよう。

そうなることが、危険が増す夜に、心細くなった群れの個体が警戒しあって、まとまりやすい状態を生み出すからだ。その方が各々の個体の生存・繁殖に有利になるからだ。

機会があったら読者の皆さんも、ニホンザルの群れが、黄昏時にねぐらに帰りはじめたら、最後尾についていってみていただきたい。心細さと感動に出合えるかもしれない。

10

他人の口調やしぐさがうつってしまうのはなぜか?

Q1　無意識に他人の口調やしぐさが移ってしまうことがあります（例えば、自分が家族に怒るとき、上司が怒るときの口調にそっくりで、あれ？と思いました。また友人のしぐさは気が付かないうちに自分がしていることも）。他の動物も仲間のクセが移ったり、無意識で何かの真似をしたりすることはあるのでしょうか？

Q2　人が動物の心をわかりたいと思うように動物も人の心をわかりたいと考えるのか？

Q3　ラーメン屋さんにたくさん人が並んでいると美味しそうに思えて人がさらに並ぶのはなぜか？

Q4　神や仏や、目に見えないものをなぜヒトは信仰するのか？

A　これらの質問について、私の頭にすぐ浮かんだのは「ミラーニューロン」だ。

ミラーニューロンは、一九九六年に、イタリアの神経学者ジャコモ・リッツォラッティたちによって発見、命名された、ある特性をもつ神経系である。

ミラーニューロン

その特性について理解していただくためには、体操選手などが新しい技をマスターするときに使われる「イメージトレーニング」を思い浮かべていただければよいと思う。

たとえば、ある国の、ある選手が、それまでだれもやったことがない「吊り輪」の技を完成したというニュースが、その技の映像も添えられて、世界中に流されたとする。すると、各国の体操競技の組織では、選手たちに、その映像を何度も見せる「イメージトレーニング」を行うコーチが出てくるだろう。

すると、映像を何度も見た選手の中には、それまで一度も、その技を練習したことがないのに、はじめての挑戦でほぼ完ぺきに近い動きで、その技をやってしまう選手が出ることもありうるのだ。それがなぜ可能か？

それが、ミラーニューロンの働きによっているのだ。

その選手の脳内のミラーニューロンでは、映像を見ているとき、脳の神経系において、その技を行っているのだ。正確に言えば、その技を発現させる筋肉の動きを引き起こす、一連の神経の活動と同じ神経の活動を、脳の中で起こしているのである。そして、その神経の動きを記憶するのだ。

では、そのときなぜ、その選手にその技の動き（体の動き）が起こってしまわないのか。それは、神経と筋肉との接続をオフにしておくからだ。オフにしておけば、神経系は、その技を行っているときと同じ活動をしても、それが筋肉を動かすことはない。

つまりミラーニューロンとは、今、見ている相手の表情なども含めた動作を、鏡（ミラー）のように自分の脳内で再現する神経系なのである。

では、次にはどのような話を私はするだろうか。

動物行動学者の宿命である。宿命とは言っても、嫌々ながら強制される宿命ではけっしてない。考えたい、知りたい、と心から思うような宿命である。

「じゃあ、ミラーニューロンって、ホモサピエンス（正確にはホモサピエンスを設計しつくっている遺伝子）の生存・繁殖にどのような利益があるのか」と問うのである。

相手の気持ちを考えること

話せば長くなるので、ポイントは外さず、簡潔に、わかりやすく説明したい。

ことは、ニコラス・ハンフリーという、当時若かった動物行動学者が、アフリカ、ルワンダの野外で（マウンティン）ゴリラの研究をしていたときまで遡る。一九七〇年代の話だ。

氏の著書「内なる目」（垂水雄二訳、紀伊國屋書店）によれば、ハレム（一頭の成獣雄と複数の成獣雌からなる群れ）で暮らす野生のゴリラの行動を観察していたハンフリーは、その後、動物行動学をはじめとした多くの学問分野にインパクトを与える「内なる目」理論の芽を思いつく。

ゴリラは、哺乳類の中でも、体全体の重量に対し、相対的に、特に大きな脳をもっている。それなのに、いつもゆったりした動作で、大きな脳の能力の発揮を思わせる行動が見えない。ゴリラは、その大きな脳を何に使っているのだろうか。

そこでひらめいたのが次のような仮説である。

ゴリラは脳の中で、「他個体が何を考えているか」を考えている。

われわれヒトについて考えればわかりやすいと思われる。われわれは、日常の生活の中で、相手と会っているときはもちろん、会っていないときも、かなり頻繁に、相手が何を考えているのか、どんな気持ちなのかを考える（同時に、その能力を自分自身に振り向け、自分の気持ち、考えていることについても感じている）。

「相手の気持ちを考えること」は、いつもそれを行っているわれわれにとっては、特に能力というほどの特別なものではないと思われがちだが、そうではないのだ。たとえば、心理学の研究によれば（心理学ではこの能力のことを「心の理論」と呼んでいる）、ホモサピエンスでは、この能力が出現するのは二、三歳くらいであることが推察されており、つまり、特異的な一つの能力なのである。

そして「相手が何を考えているのか、どんな気持ちでいるのか」という情報は自分が行動を決めるときのとても重要な情報になることは言うまでもない。相手との協力関係を増したければ、相手が欲しがっているものを提示することができ、相手がうれしい気分になれるような言葉を発すればいい。つまり、自分にとって有利な行動をしやすくしてくれる能力である。

その後、「相手の心を読みとる」という脳の特異的な働きは、初期の予想通り、様々な分野から注目を浴び、現在では、われわれホモサピエンスの特性を語るうえでなくてはならない能力とみなされている。協力関係や連合、出し抜くこと、意表を突くこと、といった、ヒトに特有な活動は、その能力ゆえに実現するのである。

そしてだ。そんな科学界の動きの中で、神経科学の分野から強いサポート的知見が現れた。それが「ミラーニューロン」だったのだ。

先にも述べたように、ミラーニューロンは、相手の脳内で体の動きや感情などを生み出している神経系の活動が、自分の脳内で再現されるわけだ。それは、「相手の心を読みとる」働きにぴったりの神経系なのだ。

無意識に真似をする

さて、では質問に対する仮説的答えに移ろう。

まず①である。

「無意識に他人の口調やしぐさが移ってしまうことがあります（例えば、自分が家族に怒るとき、上司が怒るときの口調にそっくりで、あれ？と思いました。また友人のしぐさは気が付かないうちに自分がしていることも）。他の動物も仲間のクセが移ったり、無意識で何かの真似をしたりすることはあるのでしょうか？」

ミラーニューロンが作動するのだろう。上司が怒るとき、友人が「しぐさ」をするとき。そしてそれが記憶されており、家族に怒るとき、無意識のうちに、その口調が出やすくなっているのだろう。無意識のうちに、友人の「しぐさ」が発現しやすくなっているのだろう。

私はこのミラーニューロンの働きを、（ちょっとしたイタズラ心にも促されて）確認するため、大学の建物の中の、そこを曲がると、はじめて向こうが見えるような場所（ジグザグに曲がる階段の上下や、九〇度曲がる廊下など）で、突然出合った学生に、少し手を上げて「よおっ」と言ってやる。すると学生も、同じように手を上げることがしばしば起こる。

この、「手を少し上げる」しぐさは、本来は相手の肩や頭に手をかけて相手を褒めたり元気づけたりする動作の短縮版であり、大抵、目上が目下に向かって行う動作である。したがって、通常は、この動作を学生が教員に向かって行うことはなく、私の〝仕掛け〟にはまった学生のミラーニューロンが、突然の出会いで、私の動作に反応してしまった結果なのだ。その動作をした後、学生は、何やらばつが悪そうな表情をすることが多いが、まー、許しなさい。これも、私が「動物行動学」の授業のネタにするための、つまり、私の教育に対する熱心さの表れなのだから。

他には、スーパーのレジでも、学術的イタズラをする。

お金を払うとき「はいっ！」と言って払うと、レジの方は、高い確率で「はいっ！」と言って受け取られる。読者の皆さんもやってみられるとよい。

転位行動とは

質問②「人が動物の心をわかりたいと思うように動物も人の心をわかりたいと考えるのか?」についてだ。

読者の方は、「人が動物の心をわかりたいと思う」のはなぜだと思われるだろうか。

そう、ミラーニューロンが疼くのだ。本来は同種(ヒト)を対象にして進化したミラーニューロンだったのだが、いわば誤作動として、ペットなどの、ヒト以外の動物に対しても作動してしまうのだ。

ちなみに、この現象は、一般的には「擬人化」と呼ばれているが、実は、最初は誤作動であったかもしれないが、そのうち、ヒトの生存・繁殖に重要な働きを担う能力になっていったというのが、現在の動物行動学の知見である。

最初は誤作動として起こっていたことが、やがて、重要な働きをもつようになっていった例はよくある(というか、進化というのはそういうものだ。つまり、今、誤作動でもなんでも、起こっていることが、多少の修正もされながら生存・繁殖に有利になっていく。だから、進化は、家の変化にたとえれば、新しく設計図を書いて建て直しをするのではなく、今の家を残したまま増築するやり方に似ていると言われる)。

たとえば、オシドリの雄が雌に対して行う求愛ディスプレイ(誇示行動)は、「鮮やかな色の羽をもち上げて雌に誇示するような動作」であるが、これは、最初は、誤作動としての「転位行動」から進化したと考えられている。

転位行動とは、「脳内で異なる行動の衝動(神経系の興奮)が同時に高まり、それらの行動のいずれも発現できないとき、あたかもその衝動がポンと〝転位〟して、それらの行動とは無関係の第三の行動が、突然、起きる現象」をいう。その第三の行動を、転位行動と言ってもいいかもしれない。

たとえば、私が、出席するのがとても嫌な、でも仕事のことを考えると出席しておいた方がよいような、あるパーティーの会場の近くで、どうしようか、かなり激しく迷っていたとしよう。そんなときは、私は、その辺を歩き回ったり、髪をかきむしったり、顎や頬を撫でたり、といった行動をする。

そこで起こっていることは、「出席しよう」という行動の衝動と「そのまま帰ってやろう」という行動の衝動とが葛藤し、どちらも発現することができず、第三の、髪をかきむしるなどの行動が起きてしまった、と解釈されるのだ。

オシドリの雄が雌に対して行う求愛ディスプレイも、もともとは、雄が交尾のために雌に「近づきたい」という衝動と、（それまで特に友好的な接触をもったことのない他個体としての）雌に近づく際に湧き上がる「離れたい」という衝動とが葛藤して、羽づくろいという第三の行動が起こっていたと考えられる。誤作動としての転位行動である（哺乳類や鳥類では、転位行動として、毛づくろい＝髪をかく、とか羽づくろいといった衛生保持行動が起こる傾向がある）。

求愛ディスプレイの「鮮やかな色の羽をもち上げて誇示するような動作」は、羽づくろいとほぼ同じ動作であり、その、もともと誤作動だった転位羽づくろいに、「雌に向けられる」とか「（雌に向けられる）羽が色鮮やかになる」といった、遺伝子の変異による小さな変化が付加されて、現在、重要な働きをもつ求愛ディスプレイになった、と考えられている。

何やら、横道に逸れた（〝転位〟した）話をしてしまった。ご勘弁を。

「擬人化」の大きなメリット

擬人化については、最初は、ヒト以外の動物の気持ちを読みとろうとする、ミラーニューロンの誤作動であったが、狩猟採集生活という生息環境の中では、この誤作動「擬人化」が、重要な役割を果たすようになってきたと推察されている（特に私はそう考えている）。

それは、擬人化が、狩りの対象である動物の動きを予想するうえでとても有効な思考手段になったということである。

現在も、生活の中で狩猟採集活動を営んでいる自然民の研究を行ってきた人類学者の報告によれば、イヌイットの人々も、クン・サンの人々も、狩りの際には徹底的に擬人化を行い、対象動物が次にどう行動するかを高い確率で的中させるという。擬人化とはいっても、彼らが行う擬人化は、服を着たウサギやキティちゃんがいろいろしゃべったり、ヒトのように振る舞う、単純な擬人化ではなく、対象の野生動物の習性をよく知ったうえでの擬人化である。たとえば、イヌイットの人々がしばしば狩りの対象にするアザラシの場合、彼らが氷原にまばらに空いた穴から、どれくらいの時間間隔で、どういった方向に移動をしながら、顔を出して呼吸するか、について、傾向をよく知っている。そのうえで、そういった行動の傾向を説明する擬人化を行うのだ。擬人化によってイヌイットの人たちの知識はますます増えていき、記憶としてもしっかり保持されていく。

認知考古学という新しい学問分野を開拓したイギリスの考古学者スティーヴン・ミズンは著書『心の先史時代』（松浦俊輔、牧野美佐緒訳、青土社）の中で次のように述べている。

《……このことは、カラハリ砂漠のグウィ族およびクン族、ザンビアのビサ谷の人々、カナダの北極圏のヌナミュートといった現代の狩猟採集民に関するいくつかの研究でも認められている。人間の人格や性質を付与して動物を擬人化することは、動物の行動に関して西洋の科学者がもっている生態学的知識をすべて理解して動物を見るのと同じくらい有効な予測の道具になる》

いずれにせよ、私もそうだが、動物を身近で観察し実験するような研究者は、擬人化をとてもよく行う。「動物行動学の樹立」という功績でノーベル賞を受賞した、無類の動物好きの研究者、コンラート・ローレンツにとっても擬人化はなくてはならない思考だった。擬人化と感性と知識を絡ませて、対象とする動物の行動についての仮説を思いついたのだ。科学である以上、仮説は科学的な手法で検証されなければならないが、研究の素晴らしさ、学問分野への貢献度は、仮説の内容によって半分以上は決まる。もちろん、論文には擬人化のことは全く書かれないが、その研究の決定的な核には、擬人化や、擬人化も含めた直感的な（その研究者ならではな）感性が大きな大きな役割を果たしていると言ってもいいだろう。

まとめると、「擬人化はミラーニューロンの誤作動をきっかけにしてつくられた〝擬人化思考〟神経配線のなせる業であり、それは、ホモサピエンスの生存・繁殖に重要な貢献をしている」ということになる。質問②の前半にある「人が動物の心をわかりたいと思う」背後には、そういった理由があるのだ。

動物は人の心をわかりたいか？

では、質問②をして下さった方が一番お聞きになりたかったと推察される、記述の後半「……動物も人の心をわかりたいと考えるのか」についてである。

申し訳ないが、現代の生物学、動物行動学の知見からは、その可能性はとてもとても小さい。ヒト以外の動物は、（ミラーニューロンのようなものを含んだ）〝擬人化思考〟神経配線はもっていないと思われる。その理由の一つは、その神経配線の、維持や作動に多量のエネルギーを費やすからである。それに見あうだけの利益がなければ、生存・繁殖に有利にはならない。

いっぽう、ヒトの場合、〝擬人化思考〟が、維持や作動のための多量のエネルギー消費を超える利益を生むのではないだろうか。それは、ヒトという動物が、「思考の高次化や知識の蓄積」という特性を武器にするという方向への進化に成功した動物だからではないかと思うのだ。そういう動物種は、現在、地球に生きる種としては唯一の種だろう。

そういう特性を備えた脳が、〝擬人化思考〟神経配線をもつと、狩猟採集の成功率がぐんと上昇し、「維持や作動のための多量のエネルギー消費を超える利益を生む」のではないか、というのが私の仮説である。

この仮説から考えると、ヒト以外の動物が、他種（この場合はヒト）の行動や心理に、自分たちの行動や心の動きを当てはめて「心をわかろう」とする神経配線をもつことが、ヒトの場合のように有利になるとは思えないのである。そもそも、ヒト以外の動物が、ヒトほど、自分たちの心理を理解している（つまり自我をもつ）とも考えられないからである。

そして、もう一つ、「……動物も人の心をわかりたいと考える」能力が、その動物種の生存・繁殖にとって有利になるだろうか。ヒトを主要な獲物にする肉食動物がいるのなら、話は別だが、そのような動物種はいない。

ただしだ。

ここまでの話で、読者の中にも思った方がおられるかもしれないが、ヒト以外の動物で、ヒトの心を多少なりとも読むことができると、生存・繁殖に有利になる動物がいるのだ。

それは、ヒトが、ただ見て楽しむのではなく、触れ合いをもつことによって癒されたり、慰めになったり、心地よい気持ちになることができる、ペット、コンパニオンアニマル……だ。つまり、イヌやネコだ。特にイヌだ（イヌのほうが、そういった性質を、より、期待されているからである）。

遺伝子の実態であるＤＮＡの分析（脳の配線も含めた体の設計図としてのＤＮＡの中の文字にあたるA、T、G、Cで表される四種類の塩基の並び方の比較）により、イヌは、一万年以上前に、オオカミから分化したと推察されている。

おそらく、ヒトとのつながりを徐々に強めていき、ヒトは、イヌの動きを狩猟のとき利用したのではないだろうか。

たとえば、イヌが、ヒトが狙っている動物を追っていき、その先々でワンワン吠えたらどうだろう。ヒトにはとても有益な信号になっただろう。ヒトは、先回りをして待ち伏せすることができたかもしれない。そして、ヒトは、狩りが成功したら、そういった行動をとったイヌに、狩った動物の肉の一部を与えるようなこともあったかもしれない。そういう性質をもったイヌを自分たちに引き付けておくために。

やがて、遺伝子の変化が続いていく中で、ヒトをしっかり識別し、特定の人に追従し、狩猟の際、狩りの成功により貢献するような性質の個体が出現し、そのいっぽうで、ヒトもそういったイヌを擬人化的な見方もしながらかわいがる関係へと移行していった……。可能性は十分ある。

さて、こうなると、いよいよ、どんな性質のイヌが、ヒトのより大きな保護をうけ、生存・繁殖に有利になっていっただろうか。

それは、ヒトの表情や動作などから、そのヒトの心の状態を読み取ることに長け、それに基づいて行動する性質のイヌではなかっただろうか。

ただし、ヒトの場合のような、ミラーニューロンのようなものを含んだ〝擬人化思考〟神経配線とはかなり異なると思われるが（高次化とか知識の蓄積といった面でヒトの脳のような脳は持っていなかっただろうから)、機能として、ヒトの気持ちを察知する神経配線をもつようになった可能性はあるだろう。

実際、最近の研究では、オオカミに比べ、イヌは(犬種にもよるが)、ヒトの顔の識別に優れた能力を示し、表情や動作などから、(おおまかな、でも、おおざっぱには当たっている)ヒトの心理を読み取る能力も高いことが示されている。

そういった意味では、「……動物も人の心をわかりたいと考えるのか」という質問に対しては、「そういう傾向をもつ動物もいる」と言えるかもしれない。

はい、では三つ目の質問。

③「ラーメン屋さんにたくさん人が並んでいると美味しそうに思えて人がさらに並ぶのはなぜか?」

これに対する私の仮説的答えは、読者の方も想像できるかもしれない。

キーワードは「ミラーニューロン」、……である。

もちろん、「ヒトが並んでいるから、美味しいに違いない」という、〝因果関係〟という思考(それに対応する神経配線がある)も関係はしているだろう。しかし、おそらくそれだけではないだろう。質問の中にもあるように、「……たくさん人が並んでいると美味しそうに思え」るのではないだろうか。並んでいるヒトたちの姿を見て、そのヒトたちの心を読み取ってしまうのだろう。おそらくミラーニューロンが作動してしまうのだ。

質問された方は、（それ以外の方も）今度、そういう場面に出くわしたら、自分の脳内で、多少なりとも「美味しさ」を感じているかどうかを内省してみていただきたい。

以上。

なぜ神や仏を信仰するのか

では、最後の質問。

④「神や仏や、目に見えないものをなぜヒトは信仰するのか？」

ヒトの脳から、「神や仏のような、常に自分を見つめている、力をもった存在を意識する」特性を消去することはかなり難しいことではないだろうか。そのような思いを生み出す、かなりしっかりとした神経配線が脳内にある可能性が高いと思うのだ。

一流の、筋金入りの科学者でも、たとえば、自分の愛する子どもが、助かる可能性が五〇％という手術を受けるときは、神や仏に祈るだろう。

あるいは、なにかとても悪いと自分でも思っていることをしてしまった直後に、愛する家族の誰かに大きな不幸がふりかかったとき、「自分を常に見ていて心も見透かしている神や仏が、自分に罰を与えた」という思いが、ふっと湧いてくることは、その程度の差こそあれ、誰にでもあることではないだろうか。

現在、「なぜヒトは、神や仏のような、常に自分を見つめている、力をもった存在を意識するのか（そして信仰のような思いをもつのか）」について、私と、少なくとも世界の著名な動物行動学者、進化心理学者（ホモサピエンスの心理を対象にした動物行動学）の幾人かが、最も本質的な理由だと考えている仮説は次のようなものである。

この仮説は、アメリカの進化心理学者ジェシー・ベリングが唱えるもので、いわば「心の理論」派生説（私が勝手に命名した）とでもいえるだろう。

本章の冒頭でもお話ししたように、「心の理論」とは、ホモサピエンスにおいて、二、三歳児に、脳の成熟とともに出現する心理特性で、「相手はその個体自身の思い・意思をもって動いている」と考え、相手の思いを読みとろうとする特性である。そして、その特性に関して主役を果たしている脳内神経として、その後、「ミラーニューロン」が発見されたわけだ。

これも復習になるが、「ミラーニューロン」とは、相手の動作や表情、声などを知覚したとき、相手の脳内で起こっている神経活動と同様な神経活動が、自分の側でも起こる現象で、それによって、相手の心理状態をよりよく推察する（読みとる）ことができると考えられている。

いっぽう、相手の心を読みとる体験が否応なしに起こっているホモサピエンスにおいては、当然のことながら、自分も他個体から「何を思って何をしているのか」をモニターされているという意識を本人ももちながら生きているだろう。特に第1章でもお話ししたが、ホモサピエンスという動物で〝相互協力行動〟（分業により手の込んだ物品をつくることができたり、高度な経済システムを編み上げることができたり、さまざまな団体をつくることができる）が特に発達しているのは、「相手からの協力はもらいながら、自分はうまくごまかして、相手に協力をしない（コストを費やさない）個体」＝「フリーライダー（裏切り個体）」を見抜く鋭敏な感覚を持っているからだと考えられている。

これらの要因が絡まって、ホモサピエンスは、たえず、他人からの目を意識する認知特性を有しており、それが、「自分を常に見ていて心も見透かしている神や仏が存在する」という心理につながっているのではないか、というわけである。キリスト教世界の映画の中ではよく次のようなセリフがでてくるではないか。「神様がいつも見てらっしゃるからね」、「神様はいつもあなたに寄り添っていて下さるからね」。

〝罪の意識〟と呼ばれる感情は、自分が他個体から「フリーライダー（裏切り個体）」と思われないようにするように（その方が自分の生存・繁殖にとって明らかに有利）、進化した感情だとも考えられるのである。

ちなみに、「神や仏や、目に見えないものをなぜ信仰するのか？」については、「ミラーニューロン」が関与しない、人の心理特性も関係していることは確かだろう。ここでは詳しい説明は省略するが、私が以前から主張してきた仮説的要因は、「因果関係を知ろうとする」心理特性である。その特性は、もちろん、狩猟採集をはじめとした生活において、生存・繁殖に有利に働いただろう。ある場所に行くと、ある価値ある獲物に出合う機会が頻繁に起こったとしたら、その因果関係を「その獲物は、その場所を生息地としている」と考えて行動することは、（その因果関係が正しいとすれば）有利な結果をもたらしてくれるであろう。間違った因果関係を思いこんだとしても、因果関係に思いを巡らせることがあるとすれば、総合すれば、「因果関係を知ろうとする」心理特性は進化するであろう。

いっぽう、台風や雷も含めた（大）災害が起こった因果関係などについては、正しい判断は難しい。そういったときに、大いなる力としての神のようなものの計らいと説明する心理も働いたのではないだろうか。

どうだろう。（最後の三行を除いて）以上で、四つの質問に答える形で、本章を閉じようと思う。

11

なぜヒトは「いじめ」を行うのか？
それをなくす方法は？

Q1　はじめまして。ヒトについてのかねてよりの疑問なのですが、なぜ「いじめ」を行うのかということですね。社会性のある動物もしばしば行うものですが集団の統制において序列をつけることが有利にはたらくのですかね。無垢な赤ん坊でも行うことに親となって驚きを持ちました。

Q2　人間の世界で起こるイジメは、集団になって特定の相手を虐めることが特徴ですが、動物の世界ではそのようなことはありますか？　群れを作る動物はリーダーがいますがリーダーが虐める相手を取り巻きも一緒になって虐めるのは、人間だけでしょうか？　イジメを止める（友達を守る）行動は人間だけ？

Q3　事の良し悪しに関係なく、対立しているものが一人対一〇人なら、後の人たちが皆一〇人の方に群れていくのはなぜか（リーダーが虐める相手を取り巻きも一緒になって虐める）？　でも五人対一〇人ならみんながみんな一〇人の方に群れないのはなぜか？

A　小松正さんは、著書「いじめは生存戦略だった!?」（秀和システム）の中で次のように書かれている。

文部科学省によるいじめの定義は「自分より弱いものに対して一方的に、身体的、心理的攻撃を継続的に加え、相手が深刻な苦痛を感じているもの」となっています。……こうしたいじめの定義を、ヒト以外の動物にも当てはまるように改変するならば、「同種内の個体間で行われる攻撃、特に集団内の強い個体から弱い個体に対して行われるもの」となりそうです。

そして小松さんはニワトリやニホンザル、チンパンジーでのこのような「いじめ」の例をあげておられる。

いじめの定義にもよるのだが、小松さんのように定義すれば、当然、各々の動物種の個体が暮らしている環境により、頻度や激しさに差はあるが、ヒトでも、ヒト以外の動物でも、いじめは起きるだろう。なぜなら、ヒトも大腸菌も含めて、生物体はみんな、自分の遺伝子を増やそうとする個体が、現在、地球に存在するからだ。一般的に、相手に対して優位になるほうが、餌や異性の獲得に有利であり、子どもも残しやすいからである（このあたりのことについては第4章で少し詳しく書いている）。

質問にある「無垢な赤ん坊でも行う……」ことが見られたことは当然だと思う。そのほうが食べ物なども得られやすくなり、しっかり成長できるからだ。

ヒトと動物のいじめの違い

ただし、ヒトの場合のいじめと、ヒト以外の動物のいじめとの間には次のような違いがあるのではないだろうか。

ヒトのいじめの場合、①いじめる側の脳内の「いじめ」神経配線が調子を崩し（神経系が複雑だからそういうことが起きやすい。他の臓器と同じ）、いじめが異常に激しさを増す場合がある。

②学校とか、職場とか、ヒトがつくった、半ば閉じられた集団の中で起こるいじめは、①で述べたような病的な様相になりやすい可能性がある。

③ヒトでは、他の動物と比べ「心理」という特性が発達していると考えられる。その心理の変化の仕方を利用しての「いじめ」もヒトではしばしば行われる。

④ヒトは脳内の「いじめ」神経配線の作動を抑制したり、調整したりするような「友好関係づくり」神経配線や「理性思考」神経配線も備えている（そのほうがヒトの場合、生存・繁殖に有利だから）。

いじめに関しては、私は、小学生のとき「いじめ」と言えるかどうかは分からないが、それらしい体験をした。被害者側としての体験だ。

なにせ、山村の小学校で、小林少年の学年は、全員で一一人だった。そして、女子が八人、男子が三人だった。男子は三人しかいないから二対一になって対立することもあった。そのとき、小林少年は大抵、「一」のほうになった（私の住んでいた集落は、二人が住んでいた集落と少し離れていたのだ）。

ときどきだったが、靴を隠されたり、悪口を言われたり、涙を流したこともあった。でも学校に行きたくないと思ったことはなかったような気がする。

ただし、その「いじめ」みたいなことが高学年の頃、あることをきっかけにしたように明らかに、弱く、少なくなった。

きっかけというのは、学校の砂場での決闘だ。私の怒りが爆発して、二人のうちの一人に突っかかっていき、まー、決闘に勝ったのだ。砂の上で、相手の体の上に馬乗りになった自分の姿がおぼろげに浮かんでくる。

「いじめ」みたいなことが明らかに弱く、少なくなったのは、おそらくはそれだけが原因ではなかっただろう。みんなの成長ということなども関係していただろう。いずれにしろ、それから、私の心は少し晴れやかになったのを感じた。そんなこともあり、「いじめ」られているときの特有の怖さ（孤独感や妄想なども含めた）はわかる気がする。ちなみに、今でも職場の中で、「いじめられた」ような心理を感じることはあるが、それは誰でも感じることがある心理だろう。

いじめの実態を把握する必要

さて、では、①から④について、以下、少しずつ補足していこう。

まず、①「いじめる側の脳内の『いじめ』神経配線が調子を崩し（神経系が複雑だからそういうことが起きやすい。他の臓器と同じ）、いじめが異常に激しさを増す場合がある」から。

現代になって、人間関係や経済的環境、科学技術の環境などが複雑になり、脳内で処理しなければならない情報が増えているといった背景があるのかもしれない。そして、そんなことが脳の働きを過重にし、たとえるとすれば、狩猟採集時代には手に入る量がとても少なく「過多」の摂取など不可能だった〝砂糖〟が、現代のように人工的に合成できるようになり「過多」摂取で腎臓が調子を崩すのと同じように、脳も不調をきたすことがあるのかもしれない。

ただし、注意しなければならないことがある。

脳の〝不調〟は、現代でも狩猟採集を行っている自然民にも見られるし、日本でも、書物などの記録から、少なくとも中世でもよく見られたことがうかがえる。現在、一人一人の人権や健康状態を細かくしっかりつかんで改善しようとする傾向が拡大してきた好ましい時代の流れの中では、たとえば脳の不調にも、実にさまざまな診断名が付けられてきた。また、マスコミは、視聴者の注意を惹く悲劇的なケースに絞って取り上げるため、われわれは、現代が、病んだ人々を生み出す環境を増やしているような、間違った印象をもってしまう状況もあるのではないかとも思う。

そういった注意も念頭に置いたうえで、実際、「いじめ」が増えているのかどうか、「いじめ」の質がどう変わっているのかを客観的に把握・分析する必要があると思う。そうしてはじめて、的を射た対策もとれるのではないだろうか。

「いじめ」が増えているかどうかは別にして、少なくとも「いじめ」に似た行動は、ヒトも含めた動物に脳内神経配線として存在すると思う。脳科学の分野では、おおざっぱに言うと「自分にとって目障りな相手をいじめているときは、脳内にドーパミンが分泌され、脳は、つまりその個体は、快を感じている」ことが明らかにされている。脳が不調になると、不調になった場所や不調の状態などにもよるだろうが、ドーパミンの量が通常より多く分泌され、快感も強くなることで、いじめが激しくなったり、陰湿になったりする可能性もあるだろう。いじめを行う側で起こることである。そんな場合には、簡単ではない場合も多いが、現在も行われているような、セラピー療法なども含めた治療が必要だろう。

「いじめ」神経配線を通常の状態へ、「友好関係づくり」神経配線や「理性思考」神経配線がしっかり影響を与えられる程度の状態へ戻す治療である。

学校や職場でのいじめ

②「学校とか、職場とか、ヒトがつくった、半ば閉じられた集団の中で起こるいじめは、①で述べたような病的な様相になりやすい可能性がある」について。

本来、ホモサピエンスが、自分の生存・繁殖に有利になるように、自主的に集団になり活動していたと考えられる狩猟採集生活のときとは異なり、現代では、外からの力や上からの力によって、比較的密な集団になっている場が多くある。学校や職場などである。それは場合によっては、個体間の不自然な接近や行動の自由度の低下を招いて緊張感を増し、脳の働きを過重にするのかもしれない。それは脳の不調につながる可能性もあり、①で述べた「いじめが激しくなったり、陰湿になったりする」状況につながるのかもしれない。

戦時中の、子どもも含めた国民全体が、たくさんの規則や命令、戦争の不安などに囲まれた環境のなかで行われた「疎開」。疎開して山村に移り、転校生として疎開先の小学校に通うようになった子どもたちに対して、地元の子どもたちからは激しいいじめが行われた話はよく耳にする。地元の子どもたちにも降りかかっていた緊張感が、いじめを激しくさせた可能性は高いのではないだろうか。

ちなみに、質問にあった、「リーダーが虐める相手を取り巻きも一緒になって虐めるのは、人間だけ？」については次のような仮説的答えができる。

どんな〝取り巻き〟かによると思われる。互いに仲間だと思っている取り巻き集団なのか、たまたま同じクラスにいた集団なのか。

前者の場合なら自然ななりゆきであり、メンバーの一人に関わる意思であっても、メンバー全員が協力する、ということになるだろう。チンパンジーでは、第一順位の個体を、第二と第三の順位の個体が協力して攻撃し、低い順位へ追い落とす現象が知られている。この場合などが、前者のケースに当てはまるかもしれない。

いっぽう、後者のケース、「たまたま同じクラスにいた集団」のメンバーが、いじめをはじめた、クラスで優位な個体に加勢するように、ターゲットになった個体をいじめる場合は、どうだろう。この場合の〝取り巻き〟個体の心理は、「自分がターゲットをかばったら、あるいは、加勢しなければ、今度は自分もいじめの標的にされてしまうかもしれない」といったものだと考えられている。当事者の発言などが根拠になっているし、その心理は十分理解できる。では、少なくないメンバーが、同時に、いじめのターゲットになっている個体をかばう行動をとったらどうだろうか。

そこを突いた質問が、「事の良し悪しに関係なく、対立しているものが一人対一〇人なら、後の人たちが皆一〇人の方に群れていくのはなぜか（リーダーが虐める相手を取り巻きも一緒になって虐める）？　でも五人対一〇人ならみんながみんな一〇人の方に群れないのはなぜか？」なのだ。この点については、本章後半で少し詳しくお話ししたい。

心理を利用してのいじめ

③「ヒトでは、他の動物と比べ『心理』という特性が発達していると考えられる。その心理の変化の仕方を利用しての『いじめ』もヒトではしばしば行われる」について。

互いに、面識をもった個体が協力しあうことで、各々の個体の生存・繁殖に有利になるため、進化の結果としてヒトは群れをつくるようになった。そして、ヒトは、群れの一員として他個体から認めてもらえることが生存・繁殖にとても重要であり、他個体の自分への気持ちを考えることに大きなエネルギーを費やす。

群れから放り出されること、他個体が自分を群れの一員だと認めてくれなくなることに大きな不安をいだくのである。その不安が、また、群れの一員として認められる行動を促進するといってもいいだろう。

「いじめ」、つまり、ある個体に苦痛を与えたいのであれば、物理的な打撃を加えて、痛覚を通しての肉体的な苦痛を感じさせる以外にも方法はある。

たとえば、その個体に、「群れの一員から追放され孤独になった」と思わせればよいのだ。「追放されつつある」という思いを感じさせる出来事が少しずつ、少しずつ起これば、不安は増していき、ひとつひとつの出来事について、妄想と呼ばれているような尾鰭の付いたネガティブな解釈をするようになり、その悪循環で、いわゆる「精神的に追い込まれていく」ことになる。

特に、少なくとも日本では、子どもにとって、生きる時間の中心になっている「学校」の中の集団から追い出され一人ぼっちになることは、生死にかかわる大きな大きな怖れとして感じられるのではないだろうか。

いじめを抑制する「理性思考」

④「ヒトは脳内の『いじめ』神経配線の作動を抑制したり、調整したりするような『友好関係づくり』神経配線や『理性思考』神経配線も備えている（そのほうがヒトの場合、生存・繁殖に有利だから）」について。

話が、一見、的をズレて広がるように感じられるかもしれないが、大丈夫なので、聞いていただきたい。

先にも少し書いたが、最近のマスコミなどから入ってくるニュースを聞いていると、現代社会は、科学や経済などの発達により、だんだん人々が「病んでいる」といった印象をもってしまうのではないかと危惧している。

私は、そうは思わない。確かに、数年単位の短いスパンで見ると、精神的な不調に落ち込むヒトが増加したり、学校の退学者の人数が増加したり、といった変化は見られるだろうが、数十年の単位で眺めると、マイノリティーの人たちも含めたヒトの人権に対する配慮は向上しているし、二〇二二年にはじまり現在も続いているロシアによるウクライナ侵攻に対する世界の大勢の批判は、以前の世界では考えられなかったことだ。「友好関係づくり」神経配線や「理性思考」神経配線が、科学や経済の進展によって、人々の脳内で、優位になっている証ではないだろうか。

そもそも、人々が病むことが進行して精神的不調が増加したり、暴力志向が増大したりした世界で、平均寿命や健康寿命が伸びるといったことが起きるだろうか。そういったことは起きていないのである。

ＷＨＯが発表した二〇二二年の、世界全体の平均寿命は七三・三歳（ちなみに日本は世界第一位で八四・三歳）である。いっぽう健康寿命は一〇歳ほど下がって、世界全体で六三・七歳（ちなみに日本は世界第一位で七四・一歳）であり、寿命、健康寿命とも伸び続けている。

マスコミにとって視聴率は大切だ。会社の存亡にかかわることだからだ。では、ホモサピエンスはどんなニュースに関心を示し、その内容を知りたいと思うだろうか。それは、人々の死亡に関するニュースだ。それも、悲惨な出来事によって多くの人々が亡くなったニュースを見ようとする傾向がある。それはそうだろう。自分の生存・繁殖を有利に進めようとすれば、そういった出来事について情報を得ておくことがとても大事だからだ。

ただし、そこに、人々の社会の状態についての認識を誤る落とし穴がある。

われわれホモサピエンスの脳は、目や耳にすることの頻度によって社会を把握しようとする特性がある。われわれの脳が適応進化した「自然の中での狩猟採集生活」においては、その特性でよかったのだ。その特性に従えば、それぞれの地域の状況はかなりうまく把握できただろう。でも現代は違う。われわれの脳は、通常、マスコミが伝えるニュースを、「マスコミは〝悲惨な出来事によって多くの人々が亡くなったニュース〟を選んでいる」と考えて情報処理はしていない。だから、社会はだんだんと病んでいる、危なくなっていると認識してしまうのだ。

もちろん、現代にも大きな問題はある。温暖化の問題や核兵器の問題等である。しかし、どの時代にもたくさんの問題はあり、過去においては、現代よりずっとずっと多くの人々が、短い生涯で命を落としていた。

多くの評論家は、どの時代でも、科学や経済の進展が世界全体を脅かすという警告を発してきた。たとえば私がよく覚えているものの中に、日本での次のような例がある。

テレビが普及しはじめた一九五〇年代、ある社会評論家が「一億総白痴化（白痴は放送禁止用語だ）」と主張し、多くの評論家が支持し当時の流行語にもなった。「テレビというメディアは非常に低俗なものであり、テレビばかり見ていると人間の想像力や思考力を低下させてしまう」（フリー百科事典『ウィキペディア』より）という内容である。

でも実際にそうなっただろうか。

こういった発言はどの時代も、繰り返しなされてきた。でも、大事なのは、憶測でいたずらに危機の到来を叫ぶのではなく、数値に基づいた客観的な分析の下に事態の把握に努めることではないだろうか。そうでなければ問題の改善には結び付かないからである。


では「いじめ」についてはどうだろうか。

文部科学省が発表しているデータによれば、たとえば、二〇一三年から二〇二一年までの八年間に「いじめ」が認知された件数は全国で、小学校で一〇万件から五〇万件に、中学校で五万件から九万件に、高等学校で一万件から一・四万件に増加している。

確かに特に小学校での増加は顕著でしっかりした緊急の対策が求められる。ただし、この数値に関しては、「いじめ」のとらえ方が一定しておらず、「いじめ」にあたる行為が拡張されて数えられている可能性があることも念頭に置いて数値を眺め、「いじめ」の実際の姿に迫る必要があると思われる。

二〇一三年に施行されたいじめ防止対策推進法では、「いじめ」を次のように定義している。

「児童等に対して、当該児童等が在籍する学校に在籍している等当該児童等と一定の人的関係にある他の児童等が行う心理的又は物理的な影響を与える行為（インターネットを通じて行われるものを含む。）であって、当該行為の対象となった児童等が心身の苦痛を感じているもの」

しかし、たとえば、二〇一九年には、この法律の改正案をめぐり、大幅な修正意見が専門家などから出されるなど、「いじめ」の行為の判断が現場に任されており、一定していない。

もちろん、これまで「いじめ」に入らなかった、児童生徒に心理的、物理的にネガテイブな影響を与える行為についても今まで以上に注目して改善策を考えることは世界の一人一人にとってよいことである。しかし、いっぽうで、数値をそのままとらえて「いじめ」の姿を考察すると、的を外した理解をしてしまう可能性があることには注意が必要だろう。

「傍観者」と「臨界質量」

では、「いじめ」を少なくする方策について、動物行動学はどのような示唆ができるだろうか。

私は、今後、加害者（誰でもそうなりうる可能性はある）の、脳内の「いじめ」神経配線の作動を抑制したり、調整したりするような「友好関係づくり」神経配線や「理性思考」神経配線の働きを今まで以上に発達させる教育や環境づくりを加速させていくことが鍵になると思っている。

そんな甘いことを、と思われる方もおられるだろう。でも、人類は、これまで、科学技術や経済の進展を背景に、「友好関係づくり」神経配線や「理性思考」神経配線の働きを強め、どんな立場のヒトに対しても人権を尊重すべきという考えを進め、結果として、世界全体の平均寿命を七三・三歳に、健康寿命を六三・七歳にしてきたのではないだろうか（経済発展というと悪いイメージをもたれる方がとても多いと思う。もちろん、自然破壊など環境を考慮しない開発も経済発展を促してきた経緯から考えると慎重にならなければならないことは確かだ。しかしいっぽうで、貧困にあえぐ国で、経済が発展することによって、医療や教育も充実し、一人一人の人権や自然環境などへの配慮も進むことも確かだ。日本でもそうだった）。

いじめで自死にまで追い詰められた被害者の方やその遺族の方のことを考えると、もっともっと対策を進めなければならないことは明らかである。しかし、世界が悪く悪くなっているとみなすことは、客観的ではないし、改善していく力を増すことにはつながらないのではないかと思うのだ。

私が紹介したいのは、動物行動学者の正高信男さんが、現場での調査をまとめて示された次のような事実である。

キーワードは「傍観者」だ。

そして、ここからの話は、冒頭にあげた三つ目の質問：「事の良し悪しに関係なく、対立しているものが一人対一〇人なら、後の人たちが皆一〇人の方に群れていくのはなぜか（リーダーが虐める相手を取り巻きも一緒になって虐める）？　でも五人対一〇人ならみんながみんな一〇人の方に群れないのはなぜか」に直接関係するものである。ちなみに、この質問をくれた人は、もう一〇年以上前に、私が勤める大学を、いろいろな困難を乗り越えて卒業していった男性からのものであった（卒業後、ずっと音信不通であったが、質問に添えてあった名前から彼であることが分かった）。

正高さんによる、中学校の三三クラスでの調査からわかったことは、以下のようなことだった。

クラスは、「いじめ」行為があったとき、傍観者が少ないクラス（つまり、他の生徒たちの多くが止めに入るクラス）と、傍観者が多いクラスの二種類にはっきり分かれている。当然、前者のクラスでは、いじめの問題は起きてはおらず、後者のクラスでは問題化していたという。

ここで重要なことは、「傍観者」のほとんどは、悪意がある者でも同情心がない者でもなく、心の中では止めに入ってあげたいけど、自分がそうすると自分もいじめの対象になってしまうから、といった不安から、傍観者になっているケースが多いのだという。

いっぽう、社会心理学者の山岸俊男さんは、「クラスは、いじめ行為があったとき、傍観者が少ないクラスと、傍観者が多いクラスの二種類にはっきり分かれている」という現象がなぜ起こるのか、ということに関して、以下のような、「臨界質量」という概念で説明している。

ここで、先に紹介した質問：「事の良し悪しに関係なく、対立しているものが一人対一〇人なら、後の人たちが皆一〇人の方に群れていくのはなぜか（リーダーが虐める相手を取り巻きも一緒になって虐める）？　でも五人対一〇人ならみんながみんな一〇人の方に群れないのはなぜか」を思い出していただきたい。

一人が一〇人にいじめられているのなら、自分が止めに入って「一人」の側につくのは難しい。でも、一人が一〇人にいじめられていて、それを見て四人が「一人」の側についていて止めに入っているとしたら、自分も止めに入ろうと実際に行動に移す生徒が出てくる可能性が格段に増すということだ。そうなるとその動きはどんどん勢いを増して止めに入る人数は増え、いじめる側は、いじめを止めるということになる。

山岸さんが「臨界質量」と呼ばれるのは、たとえば、このいじめの場合だと、四人とか五人とかいった数値であり、それを境に、それより少ないと止める生徒はなかなか出てこないが、それより多いと止める生徒がどんどん増える、といった、〃それ〃の値のことである。

集団にはそういった特性があり、「いじめがあったとき、何人かは必ず止めに入るような生徒がいるクラスではいじめは起こりにくく、起こっても直ぐ止んでしまうクラス」か「いじめがあったとき、止めに入る生徒がいないか、いてもほんの少数でそれ以上には増えず、結局いじめは続き、いじめの頻度も高いクラス」かになってしまうというわけだ。

さて、以上のような研究や考察がいじめを防ぐ方法とどのように結びつくだろうか。

それに対する仮説的答えの一つは、当然と言えば当然だが、われわれの脳内に備わっている「友好関係づくり」神経配線や「理性思考」神経配線が活発に活動できる環境をつくり、早く、いじめを止める行動を起こす生徒の人数を「臨界質量」に到達させることだろう。

それは、今までの歴史を見ればわかるとおり、人類が実際にやってきたことだ。独裁国家から民主国家への転換、マイノリティーのヒトたちの人権の尊重と同じだ。

もちろん、それらを達成するためには長い時間が必要だった。いじめの防止にそんな時間をかけることはできない。でも、なぜ、独裁国家から民主国家への転換、マイノリティーのヒトたちの人権の尊重が進んできたのか、その理由を考えればいじめ防止にも適用できるかもしれない。

「すべての人々の人権の尊重」が進んだのは、皆が、科学的、客観的に考えることができるようになったからだ。「自分の生存・繁殖が有利になるためにはどうしたらよいか？」という問いを発し、その答えが「すべての人々への人権の尊重」だったのだ。それはそうだ。人権が尊重されない社会では、いつ何時、自分や自分の子どもたちが、人権を害される側に回るかわからない。ならば、「すべての人々の人権の尊重」が認められる社会のほうが有利だ。安心して暮らせると。

科学的、客観的に考えてそういう答えにたどり着いた人たちが、「すべての人々の人権の尊重」を主張して行動する人に（まずは、表に出ることなく）味方するようになり、臨界質量を超えたとき、表に出て行動しはじめたのだろう。

現代の生徒たちは、その答えは知っている。……「傍観者」のほとんどは、心の中では止めに入ってあげたい、と思っているのだ。

けれど、自分がそうすると自分もいじめの対象になってしまうから、といった不安から、傍観者になっている。

だったら、戦略的に動き、信頼できる仲間と共闘する作戦をとることだろう。当然、教員に協力を頼むことも重要だろう。

12

モフモフはなぜ可愛いのか?

Q　なぜ、人がかわいがってみたくなるものは、モフモフしているものが多いのでしょうか？

A　確かに、それは私も思うし、多くのヒトが感じていることだと思う。だからこそ「モフモフ」という言葉もつくられたのだろう。
　さて、この質問に答えるためには、まず「モフモフ」がもつ二つの要素を分けて考える必要があると思う。

　その二つの要素とは、一つは「比較的、短めの毛がびっしり被っている状態であること」、そして、もう一つが「比較的、丸っこくて、小さめであること」だ。

　というのも、モフモフしていても、細くて長ーーーいものには、カワイイという感情は起きにくいのではないか。それが丸っこくて小さい場合、「あっ、これカワイイ」となると思うのだ。

　たとえば、丸っこいイヌのぬいぐるみとか、時には、モフモフした、手に乗るくらいの単なる球でもいい、特に、女の子は、「カワイイ」と感じるようである（私の経験によれば）。

いっぽうで、どうだろう。ミミズのような形のもの、あるいはロープのようなものに毛がモフモフしていても「カワイイ」とはならないだろう。

さて、まず、「丸っこくて比較的小さいことが、なぜ、カワイイにつながるのか？」を、次の動物行動学の基本認識をもとに考えてみよう。

「ヒトの、カワイイという感情も含め、様々な心理、そして行動、体の構造などの特性は、自分（正確に言えば、遺伝子）の生存・繁殖にとって有利になるようにプログラムされている」

では、「丸っこくて比較的小さいものをカワイイと感じる」ことが、自分の生存・繁殖にとって有利になるのだろうか。

「保護してあげたい」という感情
私の仮説的答えは以下のとおりである。
子どもは、保護者の助けを借りないと生きられないくらい、幼ければ幼いほど、頭部を中心に、体が丸っこいのである。「○頭身」（全身と頭部の長さの比率）という言葉があるが、幼いときは、全身の長さに対する頭部の長さの比率が大きく、成長するにつれて、比率の値は小さくなる。つまり、頭部の大きさが相対的に小さくなるのだ。

また頭部の形自体も幼い頃はほぼ球形に近く、それから、少しずつ縦長になっていく。さらに、手足、胴体などの形状も幼いほどふくよかで丸っぽい。

もちろん、そのようになるのには理由がある。たとえば、大きな脳をもつように進化したので、子宮内である程度成長して、外部刺激に耐えられる脳になってから出産しようとすると、物理的に、首から下の身体がまだ小さい状態で誕生するしかないのだ。その他、諸々の事情から、「相対的に大きな頭部の状態での誕生」はやむを得ないのだ。


いっぽう、親に関しては、自分の遺伝子が後の世代で、生き残り増えていくためには、幼い子どもに対して「保護してあげたい」という心理を強く感じ、それに動かされて行動するように、その脳や他の器官、身体がつくられていなければならない。

それが実現するためには、少なくとも脳は、「ふくよかで丸っぽい」ものを感受したとき「保護してあげたい」という感情を生じさせるような神経配線を備えていなければならない。

さらに加えるならば、幼児の、「ふくよかで丸っぽい」以外の特徴にも、「保護してあげたい」という心理を感じるような脳内神経配線を備えておくことは、遺伝子の増殖にとって有利なことである。そして、そういった特徴として「相対的に大きな目」、「相対的に小さな口元」、「ぎこちない動き」などがある。

このような特性をもった、われわれホモサピエンスの脳の配線は、実際の幼児以外の対象に対しても誤作動し、「ふくよかで丸っぽい」ものや、パンダ（成獣でも、ふくよかで丸っぽく、相対的に大きな目、相対的に小さな口元、ぎこちない動き、といった特徴を兼ね備えている）などにカワイイという感情を沸き立たせるのである。

では、質問の中心であった「モフモフ」したものにカワイイと感じるのはなぜか、への答え（理由）である。

この理由を考えるにあたっては、まず、次のような場面を想像していただきたい。

今、あなたは洞窟の中にいる。日も暮れ、これから眠りにつこうとして、いつもの洞窟の中ほどの、一部が奥まって適度な広さの部屋のようになった場所に行くと、ふんわりとしたキリンの毛皮を広げた寝床と、洞窟の外に生えている木の枯葉を敷きつめた寝床があった。

さて、あなたは、どちらの寝床に横たわるだろうか。洞窟の中の気温や湿度などを聞いてから考える方もおられるかもしれないが、まー、大抵の読者の方は、キリンの毛皮を広げた寝床を選ばれるのではないだろうか。肌触りがいいからだ。その感触を想像されるからではないだろうか。でしょ。別な場面を考えよう。

机の上に二〇センチメートル四方のビニールの〝布〟と、キリンの毛皮の〝布〟とが置いてあったとしよう。そのとき、とにかく、あなたが従わなければならないような人から、「どちらか好きなほうをとって頬にこすりつけてみて下さい」（つまり、頬ずりだ）と言われたとしたら、あなたはどちらをとるだろうか。

やっぱり、キリンの毛皮の〝布〟のほうだろう。だれでも、キリンの毛皮の〝布〟のほうが、頬ずりすると心地よいと思われるからだ。

生存・繁殖という視点からは次のように言えるだろう。

毛皮のほうがわれわれは体の表面に怪我をする危険性は少なくなる。

「ふくよかさ」「丸っぽい」

以上のやり取りを受けて、私は「モフモフがなぜカワイイか」について、次のような二種類の仮説的答えを提示したい。

まず、復習だ。「幼児に備わっている特徴をカワイイと感じ、幼児を保護する個体の遺伝子が増えていく」（だから、そういった個体の子孫であり、そういう脳を設計する遺伝子を受け継いでいるわれわれは、ふくよかで丸っぽい、比較的小さなものをカワイイと感じる）。

そして、「モフモフ」だ。

仮説①

一般的に、というか、現実の世界の中では、モフモフしているものは、「ふくよかさ」とか「丸っぽい」といった性質をもつ場合が多いのではないだろうか。哺乳類の子どもや、鳥類のヒナは、毛皮や羽毛でモフモフしていて、丸っぽい。モフモフすると大抵は、丸っぽくなるのだ。

モフモフは、ヒトの幼児の体に触ったり、頬ずりしたりしたときの「ふくよかさ」の感覚を、あるいは、それ以上の「ふくよかさ」の感覚を与えてくれるのではないだろうか。

仮説②

毛皮のようにモフモフ感を与えるものは、「傷つく」などの可能性が低いはずであり、生存・繁殖に有利であるため、快感を生じさせる。そういった快感を生じさせるものが「ふくよか」で「丸っぽい」ものにくっついたとき、カワイイ感は強められるのではないだろうか。

たとえば、子犬や子猫の体毛が衛生的であることを示すきれいな状態であったとき、カワイイ感が増すように。

まとめよう。

「モフモフがなぜカワイイか」に対する私の最終的な仮説的答えは、仮説①と②の両方がまじりあった、仮説①＋②だ。

ちょっとずるいか。でもきっと本質は突いている。

13

赤ん坊に声をかけるとき声が高くなるのはなぜか？

Q　とっても仲がいい人や赤ん坊などに声をかけるとき、自然に声が高くなっていることに気づくことがあるのですがなぜでしょうか。

A　この質問も、動物行動学の視点からは、多分、簡潔で明快な仮説的お答えができると思う。

第8章の中でも宣伝させてもらったが、拙著「ヒトはなぜ拍手をするのか」は、身近な話題を取り上げ、実は、ヒトの本質に鋭く迫った大変良い本である。その本の中で、「親しい人や赤ん坊に声をかけるとき声が高くなるのはなぜか？」への答えになるような内容を書いた（もちろん、ここでは、そこに書かなかった内容にも触れて、もっと豊かなお答えをするつもりである）。

ちなみに、NHKの人気番組に「チコちゃんに叱られる！」がある。

残念ながら私は、その番組を一度も見たことはないのだが、制作会社の方から依頼があり、そのものズバリ「ヒトはなぜ拍手をするのか」について専門家として番組の中で答えてほしいとのことだった。もう気づかれた方がおられるかもしれないが、その答えは、「親しい人や赤ん坊に声をかけるとき声が高くなるのはなぜか？」に対する答えと密接に関係しているのだ。
どのように関係しているのか？
ヒント。
①通常の拍手の音は音程が高いでしょうか、低いでしょうか？
②誰かを脅すとき、つまり相手に対して、こちらの攻撃的な気持ちを伝えるときは声は高いでしょうか、低いでしょうか？

そう、おわかりの方も多いと思うが、高い声というのは、攻撃性を伝える低い声の反対の特性を備えた声なのだ。だから、親しい人や赤ん坊に声をかけるときは、なおさら、その特性を強調して、高い声になるのだ。

そして、その特性は、ヒト以外の動物でも見られ（すぐわかるのは、イヌだ。攻撃性を示すときは、ウ～～～という低い声を出し、一緒に楽しんで遊ぶときは高い声を出す）、その背後には、発声音に関する共通の理由があるのだ。

アカジカの「鳴き合い」

イヌも含めて、低い声と高い声の背後に潜む事情の理解を助けてくれる例を一つお話しよう。

登場するのは「アカジカ」だ。

アカジカは、主にヨーロッパに生息するシカ類で、個体の動きとしては、基本的には、雌は常に集団をつくって、雄は単独で生活し、繁殖期の秋になると雄が雌の集団の中に入っていき「ハレム」の状態になる（その雄はハレムの中のすべての成獣の雌を独占して彼らと交尾する）。ただしだ。雌の集団に入っていくことができる雄は一頭なので雄同士の間で争いが起こる。

今、二頭の雄が一つの雌の群れに入ろうとして、両方の雄が他方の雄に気づいたとすると、どんなことが起こるだろうか。

まずは、互いに離れたところから「鳴き合い」がはじまる。「鳴き合い」では、一方が鳴くと他方は、相手の声より低い声を出す。それが繰り返されると、両者が発する声がだんだん下がっていくはずだ。しかし、声の高低は、発声運動と体の構造の物理的な状態によって決まり、体が大きな雄ジカほど、より低い声を出すことができるようになっている。そして体のサイズに大きな差があると、小さい体の雄は、ある音程から、それ以下の低い声を出すことができなくなり、いっぽう、大きい雄はそれより何段階も低い声を出し……。それで勝負はきまる。低い音程の声を出した雄が勝ち、互いに姿は見なくても、小さい雄は、その場を去っていく。

ちなみに、「鳴き合い」で勝負がつかないときは、二頭は互いに近づき、並んで歩く「パラレルウォーク」を行う。そこで相手の息づかい等を感じ取り、相手と自分の体力の差を推し量ると考えられている。そこで、相手の方がはっきりと体力が上だと判断したときは、自分がその場から立ち去る。「パラレルウォーク」でも、勝負がつかないときは、互いに直接体が触れ合う「角を絡ませての押し合い」に進み、ここで勝負がつけられる。

私が、アカジカの例で説明したかったのは、雄の争いの最初の段階のように、「声が低いということが、相手に対する敵対的メッセージになる」ということで、こういう現象は他のいろいろな動物でも知られている。

たとえば、ヒキガエルでは、交尾のとき、一匹の雌をめぐって複数の雄が争うとき、低い声を出す雄が勝つ（雄同士が直接、力比べをする前に）ことが知られている。ときには、すでに、雄が雌に乗っているときでさえも、そばに体の大きな雄がやってきて低い声で鳴くと、そのとき雌に乗っていた雄は雌の背中から降りて低い声の雄に雌を譲ることもあるという。

恐るべし「低い声」。

親愛的メッセージを伝えるには

さて、ヒトである。

読者の皆さんは、「ドスのきいた声」という言葉をご存じだろうか。それは、相手を脅すときの声であり、低い（！）のである。敵意をもって怒鳴る声も低い声である。そして低い声が出せるのはある程度、成長してからであって、体が小さい子どもの頃には低い声は出せない。

少年期から青年期に移る時に起こる、いわゆる「声変わり」は、声帯が長く、厚くなることによって、振動数が下がり、そのため声が低くなる。

つまり、アカジカやヒキガエルでご紹介した傾向がヒトでも当てはまると考えてもいいだろう。

では、脅しなどの敵対的なメッセージとは反対の、親愛的なメッセージを伝えるためには声はどうなればよいだろうか。……それは、敵対的なメッセージと反対の特性の声、つまり高い声にすればよいわけだ。

赤ん坊に対して親愛の思いを込めて発する声が〝高い〟声である理由もお分かりになるのではないだろうか。あるいは、久しぶりに会った、とても親しい友人に会った時、出会いの段階で高い声になるのもお分かりになるのではないだろうか。

スポーツ観戦の場合についていえば、応援する時は、高い声で選手の名前やチームの名前を呼ぶ。指笛を吹く。そして拍手する。指笛も拍手も、高い音が出るのだ。

いっぽう、敵チームのプレーや、味方チームのプレーに不利な判定をした審判に対しては、ブーイングや、足を踏み鳴らす行為をするが、どちらも低い音が出る。

以上が答えだ。いかがだろうか。

おわりに

本書の原稿（なま原稿であり、そこから数回の校正などを経て本はできあがっていく）を書きあげて半年ほど経ったころ、私は次期（二〇二四年から）の学長予定者になった。そして、〝次期〟の状態に向けての準備のようなものをしながら、この「おわりに」を書いている。

私が考えているのは、なんといっても「学生の成長」ということだ。「成長」を「自分や自分の周囲の人たちを、より幸せにする行動や思考が向上していくこと」と定義したとき、在学時の間に学生たちが、汎用的能力や専門分野の能力を向上させるためには、どんな取り組みに力を入れればよいのか。……そのことで頭はいっぱい、といったら言い過ぎかもしれないが、だれでも私のような立場になればそうなるだろう。

動物行動学の視点からいえば、「成長する力は、個体の遺伝子（それが発現してつくられる脳をはじめとした体の構造）のなかに備わっている。それが健康に展開するようにサポートするのが教育者の役割だ」ということになるのだが、対人関係や規則・技術などが複雑化した現代社会においては、そのサポートの仕方に単純な正解はない。ホモサピエンスという生物の特性をできるだけ理解したうえで、どんなサポートが必要かを模索していかなければならないのだ。

さて、そんなことを考えつつも、まさに今、この時点では「おわりに」の内容も考えなければならない。そこで私が考え出した作戦は次のようなものだ。

たとえば、本書を学生たちに読ませることは、学生たちの成長に少しでもつながるだろうか。言い方を変えれば、本書を読むことは、一般の読者の方々にとっての成長につながるだろうか。……そんなことを考察するのだ。

その点、ある程度、私の考察は決まっている。「成長につながるだろう」である。なぜなら、読み終わった方なら改めて、これから読もうとされる方なら、ちょっとだけ労を取って、本書の目次を見ていただきたい。

Twitter（現X）で募った、「ヒトについて日ごろから〝なぜだろう〟と思っていることと」について真摯に返信してくださったたくさんのものの中から選んで書いた一三個の私の考察である。一見、軽そうなものから重そうなものまでいろいろあるが、どの問いに対する回答考察にも、ホモサピエンスの特性の断片がしっかりと入っている。間違いない。たとえば「(ホモサピエンスに)〃思い込み〃はなぜ起こるのか」……、その答えを、私は自ら忘れないようにしている。

成長の一つのパターンは、自ら(ホモサピエンス)に関して、新しい知識を得、思考し、ベターな選択をするようになる、そういうことだろう。だったら……本書を読むことは、成長につながると思うよ。

ちょっと寄り道して、私の学生時代のこと、そして、それに深く関係した五年ほど前の出来事についてお話しさせていただきたい。

大学一年生のころ私はよく〃小説〃を読んだ。夜、読みはじめて、心が高鳴り、涙を流しながら徹夜して読んだこともある。自分を登場人物に重ね、自分もこんな生き方をしようなどと思いながら読んだ。

ところがだ、あるとき科学である「動物行動学」という学問に出会い、それに惹かれていく中で、小説について次のように感じはじめたのだ。

小説に登場する人物、特に主役として動いていく人物など、現実のホモサピエンスとして存在することはない。だから、そんな人物に近づこうとしても、それは無理というものだ。不可能だ。

そんな気持ちが強まってきた私は、〝小説〟を読むことはなくなり、ホモサピエンスという生物を研究対象にした動物行動学の本を読むようになった。

それらの本の知見から、ホモサピエンスという生物の特性を自分なりに理解していき、人生をどう考え、自分はどう生きていけばいいのかを考えはじめた（シベリアシマリスを中心とした動物の行動の実験もはじめた）。

それは私にとって成長だったと思う。行ったり来たりの悩み多き日々だったが、成長だったと思うのだ。

そして、それから三〇年ほどして、大学で教員をしていた私に、ある大学の図書館から「一般の方々や教職員に向けて、動物や本について話をしてほしい」という依頼があった。

私は迷った。

「動物について」……これは問題ない。でも「本について」となると……

大学の図書館には、もちろん専門書も多く置かれているだろうが、それと同じくらいたくさんの〝小説〟もあるだろう。

いっぽう私は、学生の時からの〝小説〟についての思いは変わっていなかった。だから〝小説〟は読んでいなかった。確かに私自身は、一般の方に向けた動物行動学に関係した本は少なからず書いていた。でもそれらはすべて、科学を基盤にした内容の本だ。もちろん私の考察がふんだんに入ったものが多かったが、その部分は、それが考察であることが分かるような書き方をしていた（○○と考えられる、とか、○○である可能性が高い、など）。けっして〝小説〟ではないのだ。つまり、先方が期待されていると推察されるような〝小説〟についての話はできない、と思ったのだ。

ところがところが、人生とは面白いもので、私はちょうどそのころ、きっかけは何だったか忘れたのだが、当時、米国の前大統領だったバラク・オバマ氏が、〝私が推薦する図書〟として挙げた「パワー」（ナオミ・オルダーマン著、安原和見訳、河出書房新社）という本の概略を読んだのだ。ストーリーは、「ある日突然、世界中の女性が手から電流を発生させられるようになり、女性たちはその力を活用して社会のトップに君臨する。女性は男性に、肉体的、精神的暴力をふるいはじめる。男性たちは、なんとひどいことをするんだと、怒り驚き悲鳴を上げる」といったものだった。私の記憶では、本の解説には、こんな感じのことが書いてあった。「これは、今、男性が女性に対して行っている現実のことなのだ」。

私は「これか！」と妙に心を動かされたのを覚えている。

つまり、こう思ったのだ。

〝小説〟は作品なのだ。いろいろなジャンルの芸術作品と同じなのだ（すべての小説がそうだと言っているのではないが）。現実には存在しないものを登場させて、あるメッセージを伝えようとしているのだ。

もちろん、エンターテインメントを主目的とした映画や漫画などと同じ性質の小説もあるが、基本的に、小説は芸術作品なのだ。読み手にメッセージを伝え、思索してもらう。成長を促すものだと思う。

読者の方々の中には、そんなことは当たり前じゃないか、と思われる方もおられるだろうが、私にとっては「これか！」という体験だった。そして、じゃあ、大学からの依頼にOKすることはできるな、と思った次第だ。そして、実際、行って話をしてきた。

寄り道が長くなったが、私が書いた本書は、〝小説〟ではない。
科学という活動によって得られた知見をもとに、ホモサピエンスという生物に関して、少なくとも何人かの人が、日常的に感じている疑問に、私が推察も含めて答えたものだ。その中には、ホモサピエンスとはどんな存在か、を考える際に参考になる情報の断片が必ず入っているはずだ。そして本書もまた、知見を提示し、思索をとおして、成長…「自分や自分の周囲の人たちを、より幸せにする行動や思考が向上していくこと」を促すものだと思うのだ。

もちろんだからといって、入学式や卒業式などの挨拶の場で、この本を読みましょう、などと言うつもりはない。でも、「思い込み」が暴走したらそんなこともするかもしれない。気をつけよう。

小林朋道　1958(昭和33)年、岡山県生まれ。公立鳥取環境大学副学長・環境学部環境学科教授。岡山大学卒、理学博士（京都大学）。『ヒトの脳にはクセがある』など著書多数。

Ⓢ新潮新書

1032

モフモフはなぜ可愛いのか
動物行動学でヒトを解き明かす

著　者　小林朋道

2024年2月20日　発行

発行者　佐藤隆信

発行所　株式会社 新潮社

〒162-8711　東京都新宿区矢来町71番地
編集部(03)3266-5430　読者係(03)3266-5111
https://www.shinchosha.co.jp
装幀　新潮社装幀室

印刷所　錦明印刷株式会社
製本所　錦明印刷株式会社

ISBN978-4-10-611032-0　C0245

価格はカバーに表示してあります。

Ⓢ新潮新書

763
神武天皇vs.卑弥呼
ヤマト建国を推理する
関裕二

902
古代史の正体
縄文から平安まで
関裕二

1005
スサノヲの正体
関裕二

814
皇室はなぜ世界で尊敬されるのか
西川恵

898
中国が宇宙を支配する日
宇宙安保の現代史
青木節子

「神武天皇は実在していないでしょ?」。そこで立ち止まってしまっては、謎は永久に解けない。『日本書紀』と考古学の成果を照らし合わせて到達した、驚きの日本古代史!

「神武と応神は同一人物」「聖徳太子は蘇我入鹿」など、考古学の知見を生かした透徹した目で古代史の真実に迫ってきた筆者のエッセンスを一冊に凝縮した、初めての古代通史。

『古事記』と『日本書紀』とでキャラクターが大きく異なり、研究者の間でも論争となってきたスサノヲ。豊富な知識と大胆な仮説で古代史の謎を追ってきた筆者が、その正体に迫る。

最古の歴史と皇族の人間力により、多くの国々から深い敬意を受けている皇室は、我が国最強の外交資産でもある。その本質と未来を歴史的エピソードに照らしながら考える。

宇宙開発で米国を激しく追い上げる中国は、その実力を外交にも利用。多くの国が軍門に下る結果となっている。覇者・米国はどう迎え撃つのか?「宇宙安保」の最前線に迫る。

Ⓢ新潮新書

922
ビートルズ
北中正和

グループ解散から半世紀たっても、時代、世代を越えて支持され続けるビートルズ。音楽評論の第一人者が、彼ら自身と楽曲群の地理的、歴史的ルーツを探りながら、その秘密に迫る。

986
ボブ・ディラン
北中正和

その音楽はなぜ多くの人に評価され、影響を与え、カヴァーされ続けるのか。ポピュラー音楽評論の第一人者が、ノーベル賞も受賞した「ロック界最重要アーティスト」の本質に迫る。

704
フィリピンパブ嬢の社会学
中島弘象

月給6万円、雇主はヤクザ、ゴキブリ部屋暮らしのフィリピンパブ嬢のヒモになった僕がみた驚きの世界を、ユーモラスに描いた前代未聞、異色のノンフィクション系社会学。

1002
フィリピンパブ嬢の経済学
中島弘象

フィリピンパブ嬢と結婚した筆者の人生は、新たな局面に。初めての育児、言葉の壁、親族縁者の無心と綱渡りの家計……。異文化の中で奮闘する妻と、それを支える夫の運命は？

979
流山がすごい
大西康之

「母になるなら、流山市。」のキャッチコピーで、6年連続人口増加率全国トップ――。流山市在住30年、気鋭の経済ジャーナリストが、徹底取材でその魅力と秘密に迫る。